上海市金属结构行业协会团体标准

钢结构焊工技术资格考试认定标准

T/SMCA 2001—2020

主编单位：上海市金属结构行业协会
施行日期：2021 年 6 月 25 日

同济大学出版社

2021　上海

图书在版编目(CIP)数据

钢结构焊工技术资格考试认定标准/上海市金属结构行业协会主编. —上海：同济大学出版社，2021.5

ISBN 978-7-5608-9744-8

Ⅰ. ①钢… Ⅱ. ①上… Ⅲ. ①钢结构—焊接—资格考试—自学参考资料 Ⅳ. ①TG4

中国版本图书馆 CIP 数据核字(2021)第 075865 号

钢结构焊工技术资格考试认定标准

上海市金属结构行业协会 **主编**

责任编辑 朱 勇
责任校对 徐春莲
封面设计 陈益平

出版发行 同济大学出版社 www.tongjipress.com.cn
(地址：上海市四平路 1239 号 邮编：200092 电话：021－65985622)
经　　销 全国各地新华书店
印　　刷 常熟市大宏印刷有限公司
开　　本 889mm×1194mm 1/32
印　　张 2.375
字　　数 64 000
版　　次 2021 年 5 月第 1 版 2021 年 5 月第 1 次印刷
书　　号 ISBN 978-7-5608-9744-8
定　　价 30.00 元

前　言

为贯彻落实《国家标准化管理委员会　民政部关于印发〈团体标准管理规定〉的通知》(国标委联〔2019〕1 号)和《上海市住房和城乡建设管理委员会关于鼓励团体标准在本市工程建设中应用的通知》(沪建标定〔2019〕871 号)文件精神，由上海市金属结构行业协会组织协会有关成员单位，在协会原有的《建筑钢结构焊工考试实施细则》(1999 年 6 月版本)的基础上，结合相关成员单位现有的企业标准，并参考国外的相关标准和要求完成本标准的编制。

按照现行国家标准《钢结构工程施工质量验收规范》GB 50205、《钢结构焊接规范》GB 50661 和《钢结构施工规范》GB 50755 的要求，在我国建筑钢结构行业的从业焊工必须经专项考试合格后持证上岗。焊接作为钢结构连接的主要形式之一，焊接质量的优劣直接关系到整个钢结构工程的质量。焊工的技能是关系焊接质量的关键因素之一。为规范焊工技能评定的管理，本标准对焊工从业的基本要求和资质评定工作的全过程提出了要求和规定。

本标准共分为 9 章和 5 个附录，主要内容有：总则；术语和符号；基本规定；焊工考试委员会；应试焊工资格；焊工考试内容；焊工考试程序；焊工证书管理；操作技能考试考场管理。

各单位及相关人员在执行本标准的过程中，如有意见和建议，请反馈至上海市金属结构行业协会(地址：上海市静安区洛川中路 701 号 9 号楼 2 楼；邮编：200072；电话：021—65360223)，以供今后修订时参考。

主 编 单 位：上海市金属结构行业协会

参 编 单 位：上海市机械施工集团有限公司

中国建筑第八工程局有限公司

上海二十冶建设有限公司

上海建工(江苏)钢结构有限公司

上海绿地建设(集团)有限公司

宝钢钢构有限公司

上海中远川崎重工钢结构有限公司

上海宝钢彩钢工程有限公司

上海洪铺钢结构工程有限公司

上海市安装工程职业技术培训中心

(上海市建筑钢结构焊工第三考核站)

主要参编人员：许　喆　丁一峰　王　斌　韩向科　陈佳青

金　宇　樊警雷　林　波　田瑞斌　顾海然

叶绍铭　王建荣　张晋文　盛林峰　李　猛

宋　凯　黄　兵　曹洁华　梁学锋　刘文彬

主要审查人员：卢　定　贺明玄　陈晓明　刘春波　徐文敏

陈建平　丁佩良　傅水忠　田申生　陈海军

鞠　卫

社 会 专 家：王美华　冯国军　刘绪明　罗永峰　顾　军

翁益民(按姓氏笔划排列)

目 次

1 总 则

1.0.1 为了提高上海地区钢结构工程焊工的技术水平，明确焊工资格认定程序，保证钢结构工程和产品的焊接质量，特制定本标准。

1.0.2 本标准适用于工业与民用建筑、构筑物及市政桥梁工程钢结构焊工资格的认定。

1.0.3 本标准规定了通过考试对钢结构焊工进行资格认定的方法、程序和要求，包括焊工应具有的理论知识和操作技能。

1.0.4 通过焊条电弧焊、实心焊丝气体保护焊、药芯焊丝气体保护焊、埋弧焊、电渣焊、栓钉焊、机器人自动焊接等焊接方法从事钢结构工程焊接、定位焊的焊工或焊接操作工均应按照本标准的要求，进行考试或相应资格证书的审核认定工作。

1.0.5 上海市建筑钢结构焊工考试委员会应根据本标准所述要求负责钢结构焊工考试以及相应资格证书的审核认定工作，并应负责一定范围内不同标准的焊工技术资格的转换工作。

1.0.6 钢结构焊工的资格认定工作，除应执行本标准的规定外，尚应符合国家和地方现行有关标准的规定。

2　术语和符号

2.1　术　语

2.1.1　焊工　welder

定位焊工、焊工、焊接操作工的总称。

1　定位焊工　tack welder

正式焊缝焊接前，为了使焊件的一些部分保持对准合适的位置而进行定位焊接的人员。

2　焊工　welder

进行手工或半自动焊焊接操作的人员。

3　焊接操作工　welding operator

全机械或全自动熔化焊、电阻焊的焊接设备操作人员。

2.1.2　认定机构　certifying body

经相关部门授权设立，负责钢结构行业焊工资格认定、认定工作的统筹协调、组织领导、监督检查以及证书管理、技术指导等工作的机构。上海市建筑钢结构焊工考试委员会是本标准所指的认定机构之一。

2.1.3　企业焊工资格考试委员会　enterprise committee for welder examination

经认定机构认定、授权，由企业主管负责人、技术负责人和技术管理、安全、教育、劳资等部门的代表、焊接主管工程师、中高级检验人员、认定监督人员（实际操作技能认定监督人员应由熟练焊工或焊接技师担任）等组成，负责组织和管理本企业焊工技术资格的考试和培训工作的组织。

2.1.4 焊工培训机构 welder training institution

具备一定业务条件并经政府或有关部门授权的执业培训组织或单位。

2.1.5 焊工考试机构 welder examination institution

具备一定业务条件并经政府或有关部门授权的执业考试组织或单位。

2.1.6 申请人 candidate

按本标准申请认定的个人。

2.1.7 证书 certificate

资格鉴定的书面证明文件,本标准指《钢结构焊工合格证》。

2.1.8 认定 certification

对焊工能够胜任其所申请的工作资格做出的包括书面证明在内的一系列程序。

2.1.9 焊接方法 welding method

1 手工电弧焊 shield metal arc welding(SMAW)

电弧建立在药皮焊条和焊接熔池之间的一种电弧焊工艺。该工艺采用药皮的分解来提供保护,不外加压力,并且由焊条提供填充金属。

2 实心焊丝气体保护焊 gas metal arc wielding with solid wire(GMAW)

一种使用实心填充金属和熔池之间产生的电弧进行焊接的工艺。该工艺使用外部气体进行保护。

3 药芯焊丝气体保护焊 flux cored arc welding(FCAW)

一种在连续的填充金属电极和熔池之间使用电弧进行焊接的电弧焊接工艺。焊接过程中使用的保护气体由包含在管状电极内的焊剂提供,可使用外部提供的额外的保护气体。

4 埋弧焊 submerged arc welding(SAW)

一种采用建立在一根或者多根光焊丝与熔池之间的电弧进行焊接的电弧焊工艺。电弧和熔化的金属通过颗粒状的焊剂覆盖在工件上进行保护。该工艺不需要外加压力，且填充金属来源于焊丝电极，有时也来源于附加的材料（如填充丝、焊剂或者金属颗粒等）。

5 电渣焊 electro slag welding(ESW)

一种焊接工艺，金属与熔渣聚结，将填料金属和工件表面熔化。熔池由焊渣保护，焊渣沿着接头的整个截面的焊接过程而移动。该工艺最开始由电弧加热焊渣，然后电弧被导电熔渣熄灭，熔渣作为电极和工件之间的电阻，有电流流过，使电渣保持熔化状态。

6 栓钉焊 stud arc welding(SW)

将一个柱状或类似部件焊到一个工件上的连接工艺的总称。焊接可以通过电弧、电阻、摩擦或者其他工艺来完成，可以有也可以没有附加外保护气体。

7 定位焊 stitch weld

指为装配和固定焊件接头的位置而进行的焊接。

8 机器人焊接 robot welding

使用具有3个或者更多轴、可重复编程的自动控制机器人进行自动化焊接操作。

2.2 符 号

a——间距；

B——焊缝宽度；

b——焊缝坡口根部间隙；

C——焊缝余高；

$D(d)$——主（支）管直径；

h——焊缝坡口深度；

h_f——焊脚尺寸；

h_k——加强焊脚尺寸；

L——焊缝的长度；

P——焊缝坡口钝边高度；

t——板、壁的厚度；

α——焊缝坡口角度；

ϕ——直径；

Ψ——两面角；

δ——试样厚度。

3　基本规定

3.0.1　焊工应按照所从事钢结构工程的钢材种类、焊接节点形式、焊接方法、焊接位置等要求进行资格考试，并应取得相应的资格证书，其施焊范围不得超出资格证书的规定。

3.0.2　焊工资格考试的申请和受理应符合下列规定：

1　申请人员向认定机构提出申请，应按本标准的格式要求如实填写申请书，并应提交申请人的工作简历、学历证书复印件、近期免冠正照等资料。

2　认定机构应对所收到的申请材料进行审核，对申请材料符合本标准的，应准予受理，并应向申请人发放准考证；对不符合规定的，认定机构应自收到申请之日起 10 个工作日内向申请人发出不予受理通知书，并应说明原因。

3.0.3　焊工资格认定考试内容应包括理论知识考试和操作技能考试，焊工应先进行理论知识考试，合格后方可参加操作技能考试。

3.0.4　焊工的理论知识考试和操作技能考试均合格后，上海市建筑钢结构焊工考试委员会应向焊工发放“钢结构焊工合格证”；“钢结构焊工合格证”有效期 3 年，有效期满后，焊工应重新进行考试。

3.0.5　在有效期内且注册盖章符合要求的焊工证，可以免试延长 1 次，延长有效期不得超过 3 年，且不得连续延长。

3.0.6　主管单位应积极推进焊工报名、考试、证书发放及续证的信息化管理，在证书发放的同时，宜将相关信息内容在指定网站进行登记和公示。

4　焊工考试委员会

4.0.1　上海市建筑钢结构焊工考试委员会应由上海市金属结构行业协会会同本行业专家共同组成，并应由上海市金属结构行业协会主持日常工作。

4.0.2　上海市建筑钢结构焊工考试委员会的职责应包括下列内容：

1　协调焊工培训机构和焊工考试机构的相关业务工作。

2　负责企业焊工考试委员会的审查、批准、检查和监督工作。

3　授权企业焊工考试委员会进行焊工考试资格的认定、登记、考试汇总和管理工作。

4　委托企业焊工考试委员会做好焊工培训和考试及转证工作。

5　负责接收无企业焊工考试委员会的各单位焊工考试报名，确定报考类别，汇总考试记录，焊工考试和焊工免试延期资格审查。

6　根据相关规定，申报和颁发“钢结构焊工合格证”。

7　建立健全焊工考试认定档案的管理制度。

4.0.3　各企业有条件者，可成立企业焊工考试委员会，并应在报上海市建筑钢结构焊工考试委员会审核批准后，负责焊工培训与考试工作。

4.0.4　不具备成立焊工考试委员会条件的企业，宜由上海市建筑钢结构焊工考试委员会指定考场，组织考试。

4.0.5　具有授权的企业焊工考试委员会的企业，焊工考试工作应在上海市建筑钢结构焊工考试委员会指导和监督下进行。

4.0.6 企业焊工考试委员会应由下列人员组成：

1 总工程师。

2 焊接技术部门负责人。

3 焊接技术人员或技师。

4 企业焊接检验人员(含无损检测Ⅱ级或以上人员)。

5 具有相应资质的焊工。

6 基层有关部门代表。

4.0.7 企业焊工考试委员会的职责应包括下列内容：

1 核实报考焊工的资格。

2 核实报考项目、考试内容。

3 组织焊工考试操作。

4 评定考试结果，并报上海市建筑钢结构焊工考试委员会。

5 核实焊工免试延长有效期、转证资格，并报上海市建筑钢结构焊工考试委员会。

6 提供试件、焊接工艺，并对工艺负技术责任。

7 监督、检查焊工实际生产操作质量的记录，建立健全本企业焊工技术档案的管理工作，并对其真实性负责。

5 应试焊工资格

5.0.1 应试焊工必须持有社会保障机构或安全生产监督管理部门核发的“特种作业操作证(焊接与热切割作业)”或“建筑施工特种作业操作资格证(建筑焊工)”,并具备下列条件之一,经上海市建筑钢结构焊工考试委员会审查同意,方可参加考试:

1 持有职业技术学校焊接相关专业毕业证书或相当文化学历,现从事焊接工作的人员。

2 能独立担任焊接工作,具有熟悉操作技能,现仍在焊接工作岗位上,经单位推荐的人员。

3 具有初中或初中以上学历,经过焊接基本知识和操作技能培训,经单位推荐的人员。

5.0.2 从事定位焊工作、具有一定操作技能的焊接人员,经培训后可参加定位焊考试,不受本标准第 5.0.1 条中有关学历的内容限制。

5.0.3 焊工可根据自己从事的实际工作范围及操作熟练程度,申请焊工考试标准中相应的类别考试。具有企业焊工考试委员会的,应按企业实际需要审批焊工报考项目。

5.0.4 焊工可以以个人的名义参加本标准所述的培训和考试,考试合格后,应试焊工个人可获得“钢结构焊工合格证”。

6 焊工考试内容

6.1 理论知识考试内容及分类

6.1.1 理论知识考试应以焊工的基础知识及安全知识为主要内容，并应按申报的焊接方法、类别对应出题。

6.1.2 理论知识考试的内容范围应符合下列规定：

1 焊接安全知识。

2 焊缝符号识别能力。

3 焊缝外形尺寸要求。

4 焊接方法表示代号。

5 钢结构的焊接质量要求。

6 申报认定的焊接方法的特点、焊接工艺参数、操作方法、焊接顺序及其对焊接质量的影响。

7 申报认定的钢材类别的型号、牌号和主要合金成分、力学性能及焊接性能。

8 与钢材相匹配的焊接材料型号、牌号及使用和保管要求。

9 焊接设备、装备名称、类别、使用及维护要求。

10 焊接质量保证，焊接缺欠分类及定义、形成原因及防止措施。

11 焊接热输入的计算方法及热输入对焊接接头性能的影响。

12 焊接应力、变形的产生原因及防止措施。

13 焊接热处理知识。

14 栓钉焊的焊接技术和质量要求。

15 机器人焊接技术，包括系统安装调试、编程、示教、焊接工艺、焊接质量及操作安全。

6.1.3 焊工理论知识考试具体要求详见本标准附录 A。

6.2 操作技能考试内容及分类

6.2.1 操作技能考试应包括熔化焊手工操作基本技能考试、附加项目考试、定位焊操作技能考试和焊接机械操作技能考试。通过熔化焊手工操作基本技能考试和附加项目考试的焊工，同时也具备了相应条件下定位焊的操作资格。

6.2.2 操作技能评定的焊接方法包括下列内容：

1 手工操作技能包括焊条电弧焊、实心焊丝气体保护焊、药芯焊丝气体保护焊和非熔化极气体保护焊。

2 焊接机械操作技能包括埋弧焊、实心焊丝气体保护焊、药芯焊丝气体保护焊、电渣焊、气电立焊和栓钉焊。

3 机器人焊接操作技能包括实心焊丝气体保护焊、药芯焊丝气体保护焊和埋弧焊。

6.2.3 操作技能考试分类及认可范围应符合表 6.2.3 的规定。

表 6.2.3 操作技能考试分类及认可范围

评定分类	焊接方法分类	代号	焊接方法类别代号	焊接方法类别号的覆盖范围
焊工手工操作基本技能评定	焊条电弧焊	SMAW	1	1
	实心焊丝 CO_2 气体保护焊	GMAW-CO_2	2-1	2-1,2-2,8-1,8-2
焊工手工操作技能附加项目评定	实心焊丝混合气体保护焊	GMAW-MG	2-2	2-1,2-2,8-1,8-2
	药芯焊丝气体保护焊	FCAW-G	3-1	3-1,8-3
焊工定位焊操作技能评定	药芯焊丝自保护焊	FCAW-SS	3-2	3-2,8-4
	非熔化极气体保护焊	GTAW	4	4

续表6.2.3

评定分类	焊接方法分类	代号	焊接方法类别代号	焊接方法类别号的覆盖范围
焊接机械操作技能评定	单丝埋弧焊	SAW-S	5-1	5-1
	多丝埋弧焊	SAW-M	5-2	5-1,5-2
	单电双细丝	SAW-DS	5-3	5-1,5-3
	管状熔嘴电渣焊	ESW-MN	6-1	6-1
	丝极电渣焊	ESW-WE	6-2	6-2
	板极电渣焊	ESW-BE	6-3	6-3
	单丝气电立焊	EGW-S	7-1	7-1
	多丝气电立焊	EGW-M	7-2	7-1,7-2
	实心焊丝 CO_2 气体保护焊	GMAW-CO_2 A	8-1	8-1,8-2
	实心焊丝混合气体保护焊	GMAW-MA	8-2	8-1,8-2
	药芯焊丝气体保护焊	FCAW-GA	8-3	8-3
	药芯焊丝自保护焊	FCAW-SS A	8-4	8-4
	非穿透栓钉焊	SW	9-1	9-1
	穿透栓钉焊	SW-P	9-2	9-2
机器人焊接操作技能评定	实心焊丝气体保护焊 药芯焊丝气体保护焊 埋弧焊	RW-GMAW RW-FCAW RW-SAW	10-1 10-2 10-3	10-1 10-2 10-3

注:1 GMAW、FCAW 手工操作技能评定合格,可代替相应方法焊接机械操作技能的评定;反之,不可。

2 多极焊操作技能评定合格,可代替单极焊操作技能评定;反之,不可。

6.2.4 焊接操作技能考试施焊位置分类及代号应符合表 6.2.4 及图 6.2.4-1～图 6.2.4-5 的规定。

表 6.2.4　施焊位置和代号

焊接位置		代号	位置定义
平	F	1G(1F)	板材对接焊缝(角焊缝)试件平焊位置 管材(管板)水平转动对接焊缝(角焊缝)试件位置
横	H	2G(2F)	板材对接焊缝(角焊缝)试件横焊位置 管材(管板)垂直固定对接焊缝(角焊缝)试件位置
立	V	3G(3F)	板材对接焊缝(角焊缝)试件立焊位置
仰	O	4G(4F)	板材(管板)对接焊缝(角焊缝)试件仰焊位置
全位置	F,V,O	5G(5F)	管材(管板)水平固定对接焊缝(角焊缝)试件位置
		6G(6F)	管材(管板)45°固定对接焊缝(角焊缝)试件位置
		6GR	管材 45°固定加挡板对接焊缝试件位置

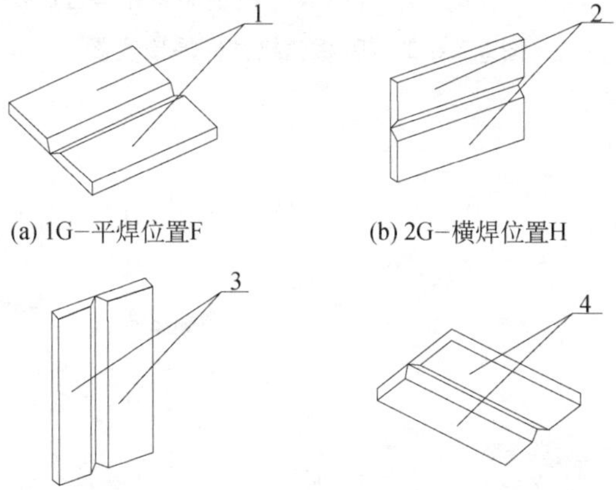

(a) 1G−平焊位置F　(b) 2G−横焊位置H

(c) 3G−立焊位置V　(d) 4G−仰焊位置O

1—板平位放置,焊缝轴水平;2—板横向立位放置,焊缝轴水平;
3—板 90°立位放置,焊缝轴垂直;4—板平位放置,焊缝轴水平

图 6.2.4-1　板-板对接试件焊接位置

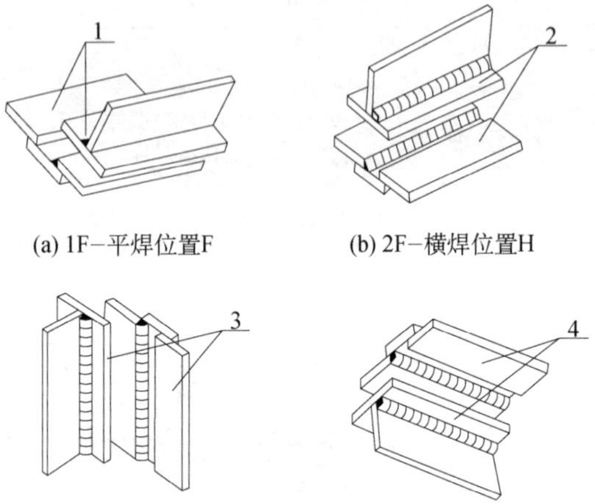

(a) 1F－平焊位置F　(b) 2F－横焊位置H

(c) 3F－立焊位置V　(d) 4F－仰焊位置O

1—板 45°放置，焊缝轴水平；2—板平放位置，焊缝轴水平；

3—板 90°立位放置，焊缝轴垂直；4—板平放位置，焊缝轴水平

图 6.2.4-2　板-板角接试件焊接位置

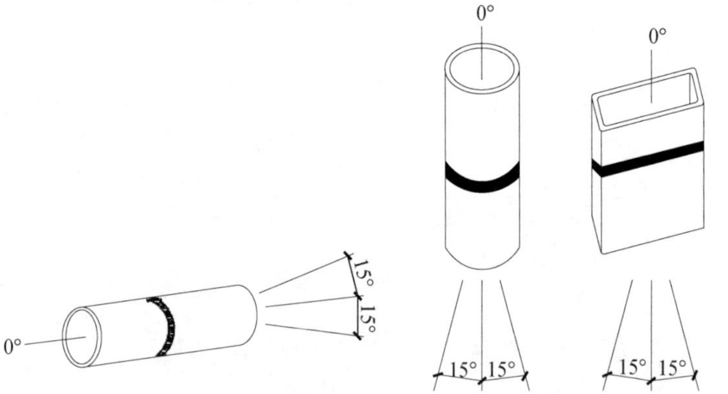

(a) 1G－平焊位置F(转动)

管放平（±15°）焊接时转动，在顶部及附近平焊

(b) 2G－横焊位置H

管垂直（±15°）放置，焊接时不转动，焊缝横焊

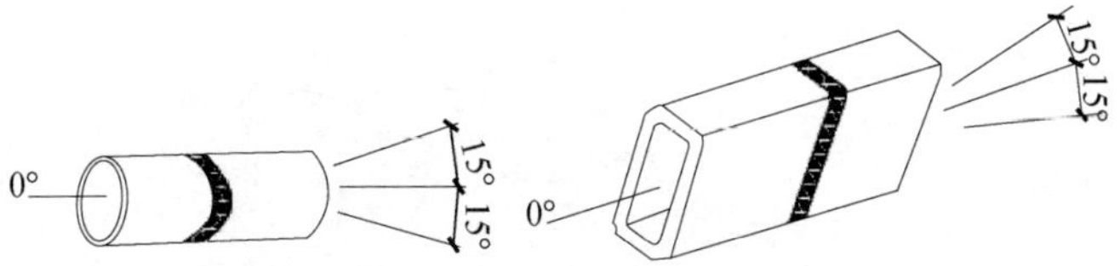

(c) 5G−管对接全位置

管平放并固定（±15°），施焊时不转动，焊缝平、立、仰焊

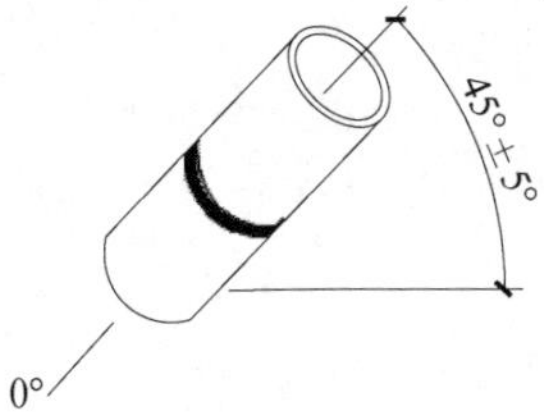

(d) 6G−管45° 固定全位置焊

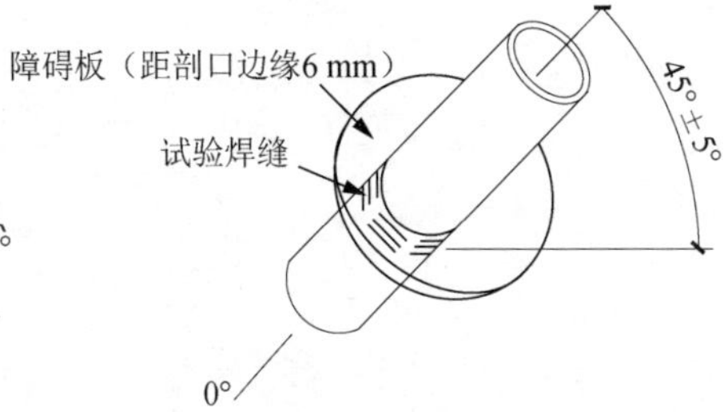

(e) 6GR−带障碍的管45° 固定全位置焊

管倾斜固定(45°±5°)，焊接时不转动

图 6.2.4-3　管-管对接试件焊接位置

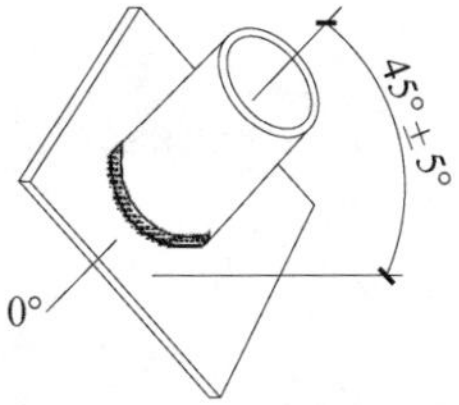

(a) 1G(1F)−平焊位置F(转动)

管倾斜放置(45°±5°)，管板垂直，焊接时绕管轴转动，在顶部及附近平焊

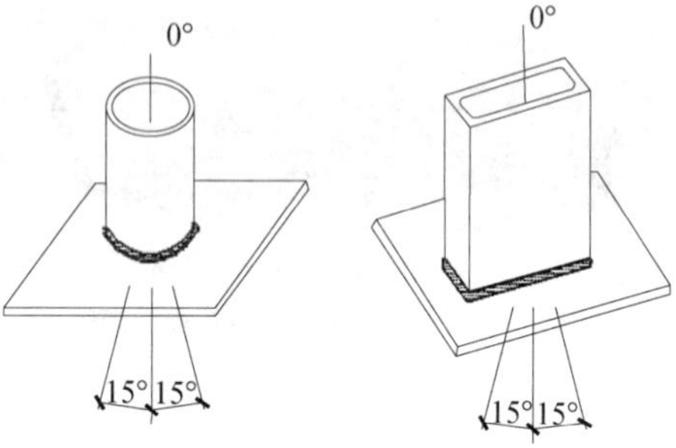

(b1) 2G(2F)−横焊位置H

管垂直，板水平(±15°)放置，焊缝横焊

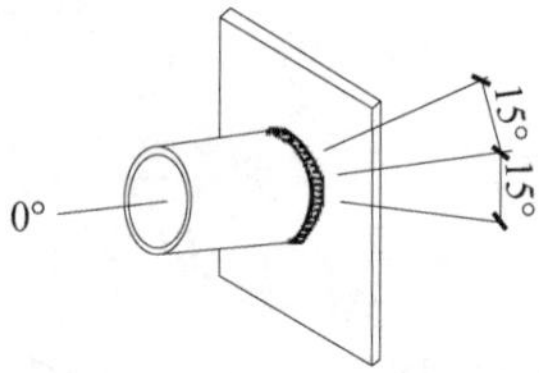

(b2) 2G(2F)−横焊位置H(转动)

管平放，板垂直(±15°)，焊接时转动，在顶部及附近横焊

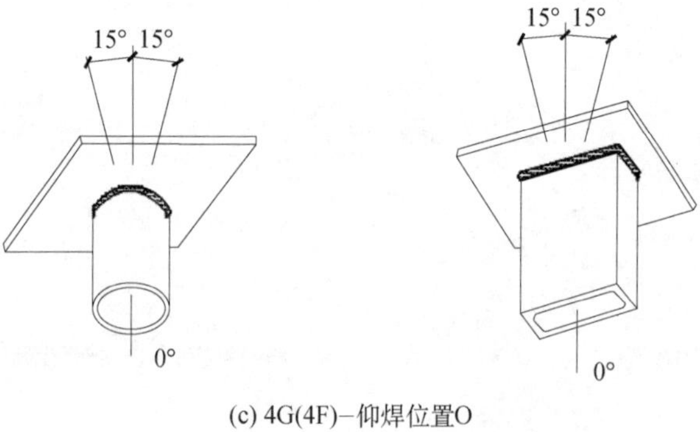

(c) 4G(4F)−仰焊位置O

管垂直，板水平(±15°)放置，焊缝仰焊

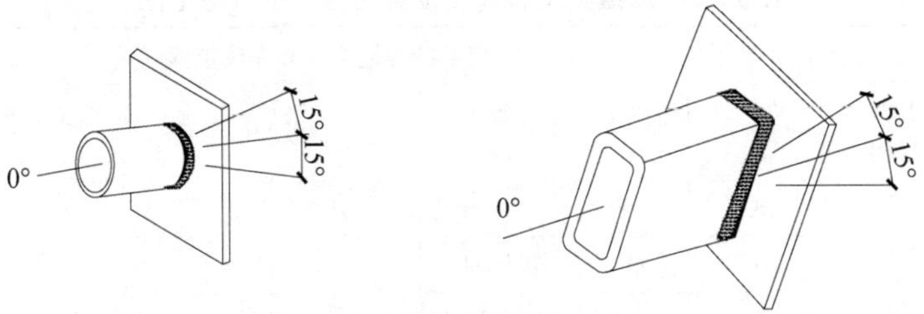

(d) 5G(5F)–管板全位置焊

管平放，板垂直并固定(±15°)，焊接时不转动，焊缝平、立、仰焊

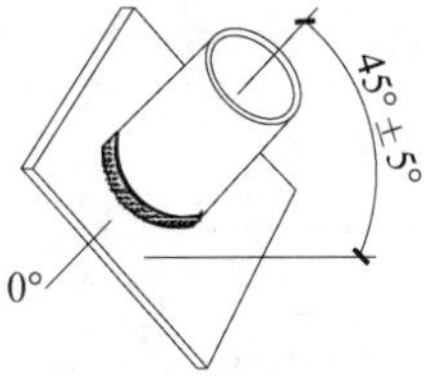

(e) 6G(6F)–管板45° 固定全位置焊

管板倾斜固定(45°±5°)，焊接时不转动

图 6.2.4-4　管板对接(角接)试件焊接位置

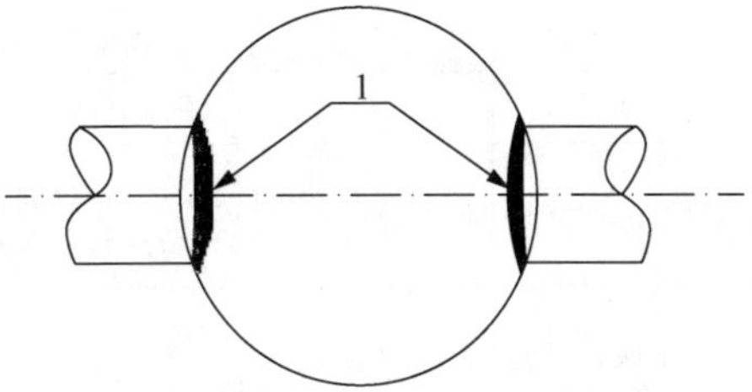

1—焊接位置分类按管材对接接头

图 6.2.4-5　管-球接头试件

6.2.5　焊缝类型和焊接位置的分类及认可范围应符合表 6.2.5 的规定。

表 6.2.5 焊缝类型和焊接位置的分类及认可范围

评定试验			覆盖的焊缝类型和焊接位置			
焊缝类型		位置①	板坡口②焊缝	板角焊缝	管或管板坡口焊缝②	管或管板角焊缝
板	坡口焊缝	1G	F	F、H	F④	F,H
		2G	F,H	F,H	(F,H)④	F,H
		3G	F,H,V	F,H,V	(F,H,V)④	F,H,V
		4G	F,O	F,O	(F,O)④	F,H,O
		3G+4G	所有位置	所有位置	所有位置④以及部分焊透管 T,Y,K 形节点相贯焊缝⑤	所有位置
	角焊缝	1F	/	F	/	F,H
		2F		F,H		F,H
		3F		F,H,V		F,H
		4F		F,O		F,H,O
		3F+4F		所有位置		所有位置
	塞焊	仅覆盖试验位置的塞焊和槽焊				
管或管板	坡口焊缝	1G	F	F,H	F⑥	F,H
		2G	F,H	F,H	(F,H)⑥	F,H
		5G	F,V,O	F,V,O	(F,V,O)⑥	F,V,O
		2G+5G	所有位置	所有位置	所有位置⑥及部分焊透管 T,Y,K 节点相贯焊缝⑤	所有位置
		6G,6GR	所有位置	所有位置	所有位置⑥以及管 T,Y,K 形节点相贯焊缝⑤	所有位置
	角焊缝	1F	/	F,H	/	F,H
		2F		F,H		F,H
		4F		F,H,O		F,H,O
		5F		所有位置		所有位置

注:1 自动焊可不进行仰焊位置操作技能考试。
2 电渣焊、气电立焊应采用立焊位置。

① 见图 6.2.4-1～图 6.2.4-4。
② 全焊透坡口焊缝的评定可覆盖部分焊透坡口焊缝的焊接；反之，不可。
③ 坡口焊焊缝的评定可覆盖相应位置的塞焊和槽焊的焊接。
④ 仅覆盖直径大于等于 600 mm 并带有衬垫或清根的管坡口焊缝的焊接。
⑤ 不覆盖坡口角度小于 30°的焊缝。
⑥ 对于矩形管，参照直径大于等于 600 mm 圆管的焊接。

6.2.6 钢材类别和覆盖认可范围应符合以下规定：

1 碳钢、低合金钢类别应符合表 6.2.6-1 的规定。

表 6.2.6-1 常用国内钢材分类

类别号	标称屈服强度	钢材牌号举例	对应钢材标准号
Ⅰ	≤295 MPa	Q195，Q215，Q235，Q275	GB/T 700
		20，25，15 Mn，20 Mn，25 Mn	GB/T 699
		Q235GJ	GB/T 19879
		Q235NH，Q265GNH，Q295NH，Q295GNH	GB/T 4171
		ZG 200—400H，ZG 230—450H，ZG 275—485H	GB/T 7659
		G17Mn5QT，G20Mn5N，G20Mn5QT	CECS 235
Ⅱ	>295 Mpa 且≤370 MPa	Q355	GB/T 1591
		Q345q，Q370q	GB/T 714
		Q345GJ	GB/T 19879
		Q310GNH，Q355NH，Q355GNH	GB/T 4171
Ⅲ	>370 MPa 且≤420 MPa	Q390，Q420	GB/T 1591
		Q390GJ，Q420GJ	GB/T 19879
		Q420q	GB/T 714
		Q415NH	GB/T 4171
Ⅳ	>420 MPa	Q460，Q500，Q550，Q620，Q690	GB/T 1591
		Q500q	GB/T 714
		Q460GJ	GB/T 19879
		Q460NH，Q500NH，Q550NH	GB/T 4171

注：国内新钢材和国外钢材按其屈服强度级别归入相应类别。

2　钢材类别及覆盖认可范围应符合表6.2.6-2的规定。

表6.2.6-2　钢材类别及覆盖认可范围

钢材类别代号	试件认可覆盖范围
Ⅰ	Ⅰ
Ⅱ	Ⅰ,Ⅱ
Ⅲ	Ⅰ,Ⅱ,Ⅲ
Ⅳ	Ⅰ,Ⅱ,Ⅲ,Ⅳ

6.2.7　焊接材料分类及覆盖认可范围应符合以下规定：

1　药皮焊条的分类及覆盖范围应符合表6.2.7-1和表6.2.7-2的规定。

2　打底焊条、向下立焊等的专用焊条应单独进行评定。

3　气体保护焊的气体介质及非熔化极气体保护焊的钨极不作评定分类。

表6.2.7-1　焊条分类组别

类型	组别代号	焊条型号
氧化铁型焊条	F1	E××20,E××22,E××27
钛型焊条	F2	E××12,E××13,E××14,E××03,E××01
低氢型焊条	F3	E××15,E××16,E××28,E××48
纤维素型焊条	F4	E××10,E××11

表6.2.7-2　焊条覆盖范围

评定用焊条组别代号	覆盖范围(组别代号)			
	F1	F2	F3	F4
F1	★	—	—	—
F2	★	★	—	—
F3	★	★	★	—
F4	—	—	—	★

注：★为覆盖的焊条组别代号。

6.2.8 评定试件板材厚度、管材外径的分类及覆盖认可范围应分别符合表 6.2.8-1 和表 6.2.8-2 的规定。

表 6.2.8-1　试件板(壁)厚度及覆盖认可范围

试件板(壁)厚度 t (mm)	覆盖认可厚度范围
$3 \leqslant t < 10$	3 mm～$1.5t$
$10 \leqslant t < 25$	3 mm～$3t$
$t \geqslant 25$	≥3 mm

表 6.2.8-2　试件管外径及覆盖认可范围(mm)

试件管外径 D	覆盖认可外径范围
$D \leqslant 60$	不限
$D > 60$	$\geqslant D$

6.2.9 带衬垫的试件可用不带衬垫的坡口全焊透焊缝考试代替(双面焊除外)。不带衬垫的坡口全焊透焊缝考试不可用带衬垫的试件代替。

6.2.10 操作技能考试试件标记应符合图 6.2.10 所示的规定。

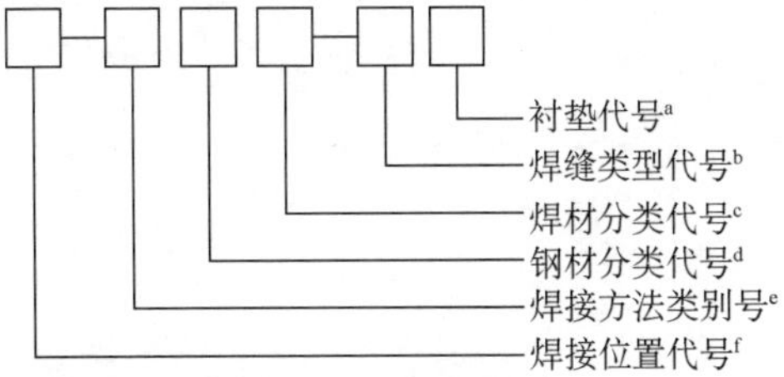

6.2.10　试件标记

注:a. 背面带衬垫为 D,不带衬垫可省略。

b. 角焊缝为 C,对接焊缝为 B,对接与角接组合焊缝为 BC。

c. 焊条分类代号为 F1、F2、F3、F4(表 6.2.7-1 和表 6.2.7-2),气体保护焊及埋弧焊可省略。

d. 钢材分类代号为Ⅰ，Ⅱ，Ⅲ，Ⅳ，见表6.2.6-2。

e. 焊接方法类别号为1，2，3，4，5，6，7，8，9，10，见表6.2.3。

f. 焊接位置代号为1G(F)，2G(F)，3G(F)，4G(F)，5G(F)，6G(F)，6GR，见表6.2.4。

标记示例：管材水平滚动坡口对接接头、焊条电弧焊、Q235钢材、E××12类焊材、不带衬垫的手工操作基本技能评定表示为"1G-1IF2-B"。

6.2.11 焊工操作技能考试方法应按照本标准附录B的规定执行。

7 焊工考试程序

7.1 一般规定

7.1.1 考试前,监考人员应核对参加考试焊工的资格信息。

7.1.2 考场应设置在符合本标准条件且经过上海市建筑钢结构焊工考试委员认可的场所。

7.1.3 考试应分为理论知识考试和操作技能考试,理论知识考试和操作技能考试均应在 1 h 内完成。

7.1.4 考试前,监考人员应对考试纪律及考试内容作出说明。

7.2 理论知识考试程序与要求

7.2.1 理论知识考试时,考试人员应在试卷指定区域填写个人信息。当填写信息与报考信息不一致时,应取消此人员的考试资格。

7.2.2 理论知识考试应采用闭卷形式,考试过程中,不得翻阅相关资料,手机应关机。

7.2.3 考试过程中,考试人员应单人单座,不得相互交流沟通。

7.2.4 考试完成后,考试人员应将试卷和答题纸交监考人员。

7.2.5 监考人员应将收集齐全的试卷和答题纸统一交考试委员会,考试委员会安排指定人员进行阅卷。

7.3 操作技能考试程序与要求

7.3.1 考试人员应仔细核对试板上的编号等信息。

7.3.2 考试过程中，考试人员应按照考试机构制定的焊接工艺规程(WPS)的要求自行调整焊接参数，不得私自调整试板位置。

7.3.3 除另有要求外，考试用试件在焊接前后不得进行热处理、锤击、预热、后热等处理。试件坡口及表面应光洁平整且无油污、水分和锈蚀等。

7.3.4 焊前试板应打上焊工代码钢印和考试项目标识。水平固定或45°固定的管子试件，应在试件上标注焊接位置的“钟点”标记。

7.3.5 考试用的焊条、焊剂应按规定进行烘干，随用随取。焊丝必须清除油污、锈蚀等污物。

7.3.6 焊工应独立完成各项焊接操作，并应根据考试现场提供的已经评定合格的焊接工艺参数进行焊接。焊接过程应符合下列规定：

1 焊条电弧焊宜使用直径为3.2 mm的焊条进行定位焊；水平固定或45°固定的管子试件，定位焊缝不得在“6点”标记处。

2 焊接开始后不得随意更换试件，不得改变焊接方向和焊接位置。

3 向下焊管子试件的焊接，应按钟点标记位置从“12点”处起弧，“6点”处收弧。

4 除特殊要求外，单面坡口和双面坡口要求全焊透的焊缝，应进行清根和清根后打磨。

5 不得对道间和表面焊缝进行打磨或修补。

6 手工操作的试件，作为无损检测的重点，第一层焊缝中至少应有一个停弧再焊的接头，并应标明断弧位置；焊接机械操作的试件，中间不得有停弧再焊接头。

7 焊后应将焊渣、飞溅等清除干净。

7.3.7 考试完成以后，考试人员应将试板放至指定位置。

7.4 考试结果与评定

7.4.1 焊工理论知识考试的满分应为 100 分，合格应不低于 70 分。

7.4.2 焊工焊接操作技能考试应由评审人员通过检验试件进行评定，考试试件的检验项目应分别按考试项目检验要求进行检验，全部合格后，该考试项目方确认为合格。

7.4.3 每一考试项目中仅有 1 个试样不合格时，可进行复试。复试时，应重新焊接一块试板进行全部试验，试样检验全部合格后，该项目确认为合格，否则为不合格。每次考试，同一焊工复试次数不应超过 1 次。

7.4.4 评定完成后，评审人员应按本标准附录 C.0.2 的格式填写"焊工技术资格认定结果记录表"，并报上海市建筑钢结构焊工考试委员会。

8　焊工证书管理

8.1　证书的发放

8.1.1　上海市建筑钢结构焊工考试委员会应对“焊工技术资格认定结果记录表”进行评审，凡按本标准规定方法考试合格的焊工，应发放“钢结构焊工合格证”。

8.1.2　“钢结构焊工合格证”证书的内容应包括以下内容：

1　焊工的姓名、性别、身份证号码、工作单位(选项)、资格等级、证书编号、发证日期、有效日期。

2　证书考核情况应填写焊接方法、焊接位置、焊缝形式、考试材料等文字或代号。

3　“钢结构焊工合格证”样式和内容应符合本标准附录 D 的要求。

4　证书中焊工照片应经发证单位上海市金属结构行业协会加盖钢印后有效。

8.1.3　“钢结构焊工合格证”由企业或申请人进行管理，上海市建筑钢结构焊工考试委员会宜对焊工发证认定的资料归档管理。

8.1.4　上海市建筑钢结构焊工考试委员会宜对焊工证的申请、考核、发放、延续及内容公示等进行网络信息化管理。

8.2　证书的延续和改签

8.2.1　“钢结构焊工合格证”有效期应为 3 年，有效期内每年应进行注册盖章。

8.2.2 经过注册盖章有效的“钢结构焊工合格证”有效期终止前，可由上海市建筑钢结构焊工考试委员会审核后，进行免试延期。免试延期的“钢结构焊工合格证”有效期延长不得超过3年，且不得连续延长。

8.2.3 “钢结构焊工合格证”有效期终止前应重新进行认定，重新认定应符合下列规定：

1 重新认定应进行理论知识及操作技能评定，应对合格证认可范围覆盖的、难度最大的操作技能科目进行重新考试。

2 重新认定合格后，应由上海市建筑钢结构焊工考试委员会审核或由企业焊工考试委员会审核并上报上海市建筑钢结构焊工考试委员会审定，并核发新的“钢结构焊工合格证”。

3 重新认定时，焊工可申请覆盖范围更大的考试科目，若考试不合格，则该焊工必须重新参加原合格证相应科目的考试。

4 考试项目有效期内、且持续中断焊接操作时间超过半年的焊工重新参加焊接工作时，必须重新进行原认可科目的考试。该考试可免去理论知识评定，且可不进行弯曲项目检验。

8.2.4 除满足本标准第8.2.2条的要求外，“钢结构焊工合格证”有效期满后，应重新进行考试。

8.3 证书的失效、遗失

8.3.1 “钢结构焊工合格证”的注销应符合下列规定：

1 该焊工焊接质量低劣，经企业质量检查部门或相关质监、技术监督机构提出，企业焊工考试委员会应核准注销其合格证，并应上报上海市建筑钢结构焊工考试委员会审核备案。被注销合格证的焊工可重新申请参加焊工资格认定，只有认定合格后，方可允许在规定的认可范围进行焊接操作。

2 焊工有伪造经历、弄虚作假或涂改“钢结构焊工合格证”行为的，企业焊工考试委员会可取消其认定资格或注销其资格证书，并应上报上海市建筑钢结构焊工考试委员会审核备案。上海市建筑钢结构焊工考试委员会也可以直接注销其资格证书。

8.3.2 焊工“钢结构焊工合格证”遗失时，应视作无证焊工，应按照本标准第8.2.3条规定重新进行考试。

8.3.3 未按时进行注册的“钢结构焊工合格证”应视为无效证书。

8.4 证书科目的变更

8.4.1 “钢结构焊工合格证”在有效期未满时，焊工可按本标准所述程序向企业焊工考试委员会或上海市建筑钢结构焊工考试委员会申请增加或变更证书科目，经企业焊工考试委员会或上海市建筑钢结构焊工考试委员会核准后，上报上海市建筑钢结构焊工考试委员会审核。经考试合格后，可在原合格证上增加或变更证书科目。

9 操作技能考试考场管理

9.1 一般规定

9.1.1 焊工操作技能考试考场(焊工考试机构)应符合以下条件:

1 由具有法定资质的单位、机构或者组织设立。

2 有常设的组织、管理部门和固定的场地。

3 焊工考试用的设备、设施与焊工考试的需求相适应。

4 专职人员不应少于3人,且人员的技术能力与焊工考试的需求相适应;工作人员具有焊接工艺评定能力,能编写满足焊工考试要求的焊接作业指导书;有适用于不同焊接方法、不同材料种类的基本知识考试题库。

5 具有焊工考试质量保证体系,有健全的考场纪律、监考考评人员守则、保密制度和考试管理、档案管理、财务管理、应急预案等各项规章制度,并且能够有效实施。

9.1.2 焊接操作技能考试固定场所应满足焊工考试要求,操作工位应不少于10个,并应能满足本标准所涉及的焊接考试的需求。

9.1.3 焊接操作技能考试固定场所应拥有足够的焊接设备、焊材烘干设备、试件和试样加工设备、无损检测设备,检验设备和测量工具。

9.1.4 焊接操作技能考试固定场所应满足以下安全、环保要求:

1 焊工操作技能考试管理应符合相关安全生产要求。具有必要的焊接防护工具,如面罩、遮光屏、灭火器等安全、环保设施。

2 应具有安全应急预案及演练记录。

3 应在每个焊工考试工位配置焊接烟尘收集装置,并应配置符合环保要求的处理装置。

4 现场应有负责安全、环保管理的人员。

9.2 考前、考后管理

9.2.1 焊工考试前，考试机构应做好以下工作：

1 准备考试试板，在试板上进行编号并敲钢印，确保试板与考试焊工一一对应。

2 核对焊工身份信息，确保参加考试的焊工具有考试资格。

3 准备好考试用的焊接材料。

4 准备好辅助工具，如钢丝钳、硅油、面罩等。

5 确保考试用焊接设备的正常使用。

6 确保电气和气体符合焊接的要求。

7 准备好焊接考试用的焊接工艺规程 WPS，在考前对焊工进行必要的技术交底，并强调考试纪律。

9.2.2 焊工焊接完成以后，考试机构应做好以下工作：

1 再次确认试板与考试焊工人员一一对应，并核对编号。

2 督促焊工清理、整理焊接考试工位，并归还辅助工具。

3 确认设备是否正常关闭，确认气体是否关闭。

附录 A　理论知识考试大纲

A.0.1　本考试大纲内容和要求与国家现行有关标准《钢结构焊接规范》GB 50661 及《钢结构焊接从业人员资格认证》CECS 331 的要求协调一致。

A.1　考试目的

A.1.1　钢结构焊工的理论知识考试，是为了让焊工了解和掌握钢结构的焊接主要特点、焊接方法、焊接设备、焊接材料、焊接工艺、焊接缺陷的产生及防止、焊接检验方法及相关的安全知识，从而达到从事其工作所需的工艺理论知识，以胜任本岗位工作的目的。

A.2　考试内容

A.2.1　钢结构焊接的基本知识

1　考试目的和要求

掌握钢结构焊接的基本知识，了解焊接结构与铆接、栓接钢结构、铸造和锻造方法制造钢结构的特点和优缺点。

2　考试内容

1）钢结构有关的接头形式；

2）钢结构焊接位置；

3）焊接钢结构的强度；

4）焊接接头的密封性；

5）对应力集中的敏感性；

6）焊接接头性能上不均匀性；

7）焊接钢结构的整体性。

A.2.2 常用焊接设备及工具的使用和保养

1 考试目的与要求

了解常用焊接设备的基本工作原理、特点、构造，正确地掌握设备的选用、接线、操作及一般维护。

2 考试内容

焊接设备及方法	焊接设备的使用和保养
焊接设备	1）各种焊接方式所使用的设备进行介绍
	2）各种焊接设备的安全操作规程
手工电弧焊	1）焊接电源
	2）电源调节特性
	3）极性的判断及使用
	4）一般故障排除
埋弧焊	1）焊接过程自动化概念
	2）对焊机基本要求
	3）焊机的维护及一般故障排除
气体保护焊	1）对设备的一般要求
	2）常见故障排除及设备的一般维护
电渣焊	1）组成部分
	2）焊接特点、种类及适用范围

A.2.3 钢结构焊接材料的基本知识

1 考试目的与要求

了解钢结构焊接材料的基本知识，焊接材料的匹配、使用及保管等有关知识，以达到会正确使用的目的。

2　考试内容

钢结构用钢基本知识	1）碳素结构钢和低合金钢的牌号
	2）化学成分
	3）力学性能
焊接材料的基本知识	1）焊条的型号牌号、使用及保管
	2）焊条、焊丝、焊剂的化学成分、力学性能、使用及保管
	3）不同牌号的钢材在使用不同焊接方式（气体保护焊、手工电弧焊等）焊接时焊材的选用

A.2.4　焊缝符号、坡口及接头形式

1　考试目的与要求

了解焊缝符号的表示方法，不同坡口形式的坡口作用及各种接头形式，焊缝外观尺寸规定要求，以达到合格判定的质量要求。

2　考试内容

1）　焊缝符号表示法；

2）　坡口的基本形式与尺寸；

3）　常用的接头形式。

A.2.5　焊接工艺

1　考试目的与要求

了解不同工艺、特点、用途及操作，会正确使用相对应焊接工艺文件。

2　考试内容

手工电弧焊	1）焊接电弧基本概念
	2）焊接规范
	3）运条方法及运用
	4）各种位置的焊接特点
埋弧焊	1）埋弧焊用焊接材料
	2）焊接准备与规范选择
	3）埋弧焊工艺

续表

气体保护焊	1）气体保护焊分类
	2）气体保护焊基本原理
电渣焊	1）电渣焊热过程及冶金过程特点
	2）焊接材料
	3）工艺及操作技术

A.2.6 焊接应力与变形

1 考试目的与要求

了解焊接应力与变形的一般知识，了解产生焊接应力与变形的原因及防止措施。

2 考试内容

1）焊接应力与变形的概念；

2）焊接应力及变形的基本形式与产生原因；

3）影响焊接钢结构残余变形的因素；

4）防止与减少焊接应力与变形的措施。

A.2.7 焊接缺陷及检验

1 考试目的与要求

了解焊接缺陷产生的原因，焊接缺陷对接头质量的影响，了解焊接接头的检验方法，以达到在焊接生产过程中减少和防止焊接缺陷的产生。

2 考试内容

1）常见焊接缺陷的产生原因及防止措施；

2）焊接质量检验及方法。

A.2.8 安全知识

1 考试目的与要求

焊接作为一个特殊工种，对安全生产有别于其他工种，掌握必备的安全知识。

2 考试内容

1）防止触电的安全知识；

2）防止弧光灼伤及有害气体的安全知识；
3）气体、气瓶的使用、存储安全知识；
4）现场安全技术；
5）防火意识；
6）有限空间施工安全意识。

附录 B　操作技能考试大纲

B.0.1　本考试大纲内容与要求与国家现行有关标准《钢结构焊接规范》GB 50661 及《钢结构焊接从业人员资格认证》CECS 331 的要求协调一致。

B.1　手工操作基本技能考试

B.1.1　板材对接试件坡口形式及尺寸应符合图 B.1.1-1 的要求和表 B.1.1-1 的规定；管材对接试件坡口形式及尺寸应符合图 B.1.1-2 要求和表 B.1.1-2 的规定。

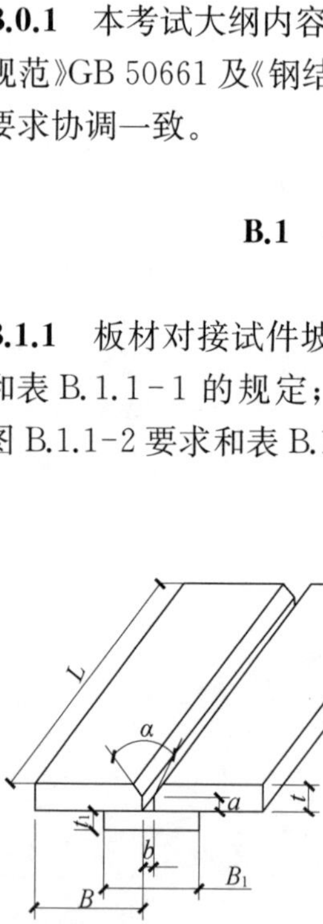

图 B.1.1-1　板材对接试件形式

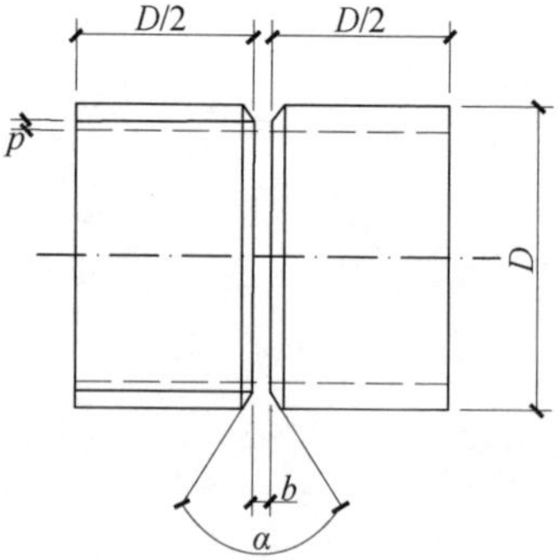

图 B.1.1-2　管材对接试件形式

表 B.1.1-1 板材对接试件和坡口尺寸

试件厚度 t(mm)	试件长度 L(mm)	试件宽度 B(mm)	衬垫尺寸 $B_1 \times t_1$(mm)	坡口尺寸					
				角度 α(°)		间隙 b(mm)		钝边 p(mm)	
				不带衬垫	带衬垫	不带衬垫	带衬垫	不带衬垫	带衬垫
8≤t<25	≥250	≥110	50×6	60±2.5	45±2.5	2～3	6±1	≤2	≤1
≥25	≥250	≥120		60±2.5	45±2.5	2～3	6±1	≤2	≤1

表 B.1.1-2 管材对接试件和坡口尺寸(不加衬垫单面焊)

管径 D(mm)	壁厚 t(mm)	试件长度 L(mm)	V形坡口角度 α(°)	间隙 b(mm)	钝边 p(mm)
≤60	3～6	≥240	≤70	2～3	≤2
≥108	<10	≥240	≤70	2～3	≤2

B.1.2 考试试件的检验项目、取样数量、位置及试样制备应符合下列规定：

1 考试试件的检验项目、取样数量应符合表 B.1.2 的规定。

2 板材试件、管材试件的取样位置应符合图 B.1.2-1、图 B.1.2-2 的要求。

3 弯曲试样制备应符合现行国家标准《焊接接头机械性能试验取样方法》GB/T 2649 的有关规定。

表 B.1.2 板材、管材考试试件检验项目、取样数量

评定焊缝种类	评定试件位置代号	试件厚度或管材外径(t 或 D)(mm)	评定检验项目				
			外观	射线或超声	面弯	背弯	侧弯
					t≤14	t≤14	t>14
板材坡口焊缝	1G,2G,3G,4G,3G+4G	8≤t<25	要	要	1	1	2
		t≥25	要	要	/	/	2

续表 B.1.2

评定焊缝种类	评定试件位置代号	试件厚度或管材外径（t 或 D）(mm)	评定检验项目				
			外观	射线或超声	面弯 $t\leqslant14$	背弯 $t\leqslant14$	侧弯 $t>14$
管材坡口焊缝	1G	$D\leqslant60$	要	要	1	1	/
		$D\geqslant108$	要	要	1	1	2
	2G	$D\leqslant60$	要	要	1	1	/
		$D\geqslant108$	要	要	1	1	2
	5G	$D\leqslant60$	要	要	2	2	4
		$D\geqslant108$	要	要	2	2	4
	6G	$D\leqslant60$	要	要	2	2	4
		$D\geqslant108$	要	要	2	2	4
	6GR	$D\leqslant60$	要	要	2	2	4
		$D\geqslant108$	要	要	2	2	4
	2G+5G	$D\leqslant60$	要	要	1(2G) 2(5G)	1(2G) 2(5G)	1(2G) 4(5G)
		$D\geqslant108$	要	要	1(2G) 2(5G)	1(2G) 2(5G)	1(2G) 4(5G)

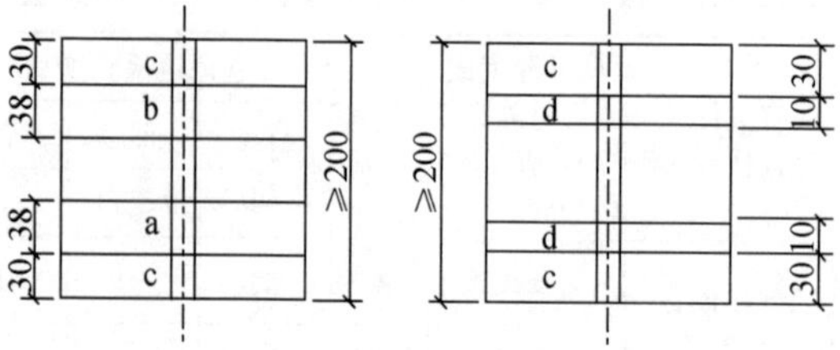

a—面弯；b—背弯；c—舍弃；d—侧弯

图 B.1.2-1　板材试件取样位置(mm)

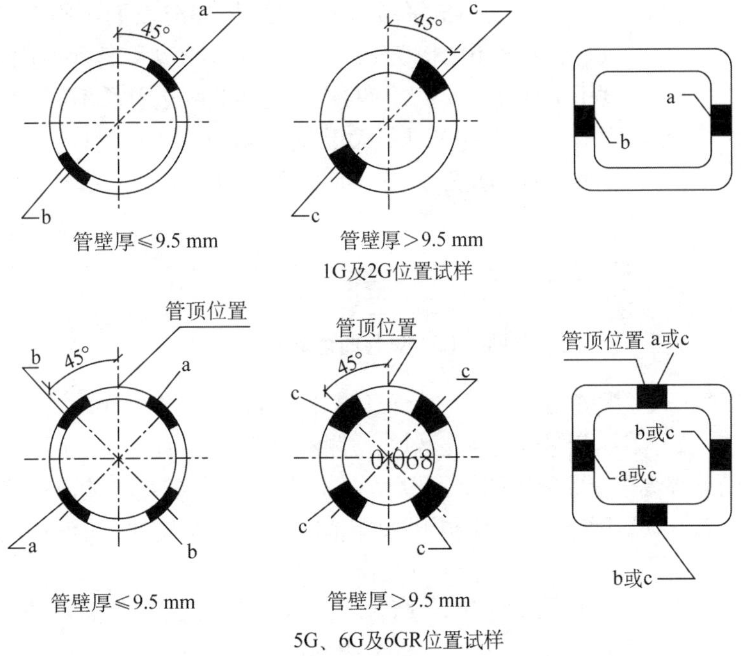

a—面弯;b—背弯;c—侧弯

图 B.1.2-2　各种焊接位置管材试件取样位置

B.1.3　检验方法及合格标准应符合下列规定：

1　焊缝外观检查宜用 5 倍放大镜目测，表面质量合格后方可进行其他项目的检验。表面质量应符合下列要求：

1）焊缝外观尺寸应符合表 B.1.3 的规定。

表 B.1.3　焊缝外观尺寸要求(mm)

试件形式	焊缝余高		焊缝高低差①		焊缝宽度	
	1F、1G 位置	其他位置	1F、1G 位置	其他位置	比坡口增宽	每侧增宽
板材	0～3	0～4	≤2	≤3	2～4	1～2
管材	0～2	0～3	≤1.5	≤2.5	2～3	1～2

注：①在焊缝 25 mm 长度范围内。

2）焊缝边缘应圆滑平缓过渡到母材；焊缝表面不得有裂纹、夹渣、气孔、未熔合、焊瘤等缺陷；咬边和表面凹陷深度不应大于 0.5 mm。对接焊缝两侧咬边总长不应大于焊缝全长的 10%且不大于 25 mm。

3）焊后试件的角变形 Q 不应大于 3°(图 B.1.3)。

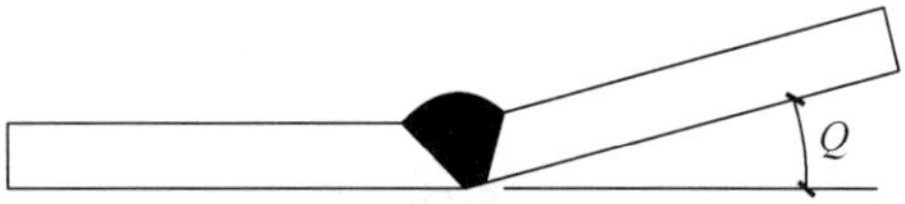

图 B.1.3 试件的角变形示意

4）焊缝错边量不应大于 10%板厚，且不大于 2 mm。

2 射线及超声波探伤：射线检测不应低于现行国家标准《金属熔化焊焊接接头射线照相》GB/T 3323 规定的 B Ⅱ级要求；超声检测应符合现行国家标准《钢结构焊接规范》GB 50661 规定的 B Ⅱ级要求。

3 弯曲试验应符合下列规定：

1）弯曲试验应符合现行国家标准《焊接接头弯曲试验方法》GB/T 2653 的有关规定，弯心直径应为 4δ(δ 为弯曲试样厚度)，弯曲角度应为 180°。面弯、背弯时，试件厚度应为试件全厚度(δ<14 mm)；侧弯时，试件厚度 δ=10 mm，试件厚度不大于 40 mm 时，试件宽度应为试件的全厚度，试件厚度超过 40 mm 时，可按20 mm～40 mm 分层取样。

2）对直径不大于 60 mm 的管材试件，可进行压扁试验。

3）弯曲试验的合格要求：每个试样拉伸面的任意方向上不得有单个长度大于 3 mm 的裂纹或其他缺陷，且裂纹及其他缺陷累计总长度不应大于 7 mm。

B.2 手工操作技能附加项目考试

B.2.1 手工操作技能附加项目考试应符合下列规定：

1 凡从事高层及其他大型钢结构构件制作及安装焊接的焊工，应根据钢结构的焊接节点形式、采用的焊接方法和焊工所承担的焊接工作范围及操作位置要求，决定附加项目考试内容，并报监理工程师认可。

2 凡申报参加附加项目考试的焊工必须已取得相应的手工操作基本技能资格证书。

B.2.2 附加项目考试的焊接方法和内容应符合下列规定：

1 焊接方法分类及考试合格后的认可范围应符合本标准表 6.2.3 的规定。

2 试件形式及尺寸应符合图 B.2.2-1～图 B.2.2-4 的要求。

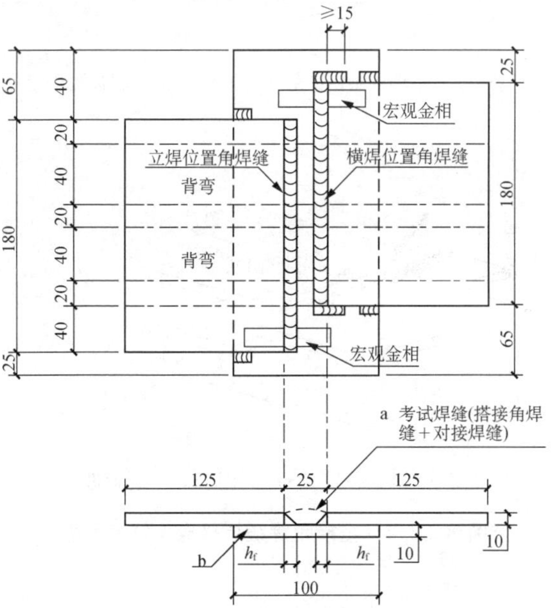

a—角焊缝中间部分可以任意位置焊接，加工弯曲试样前应将中间焊缝余高用机械方法加工至与母材平齐，衬垫应刨去但不得低于母材表面，$5.5 \leqslant h_f \leqslant 9$ mm；b—衬垫应与母材完全贴紧

图 B.2.2-1 搭接角焊缝试件形式、尺寸和试样取样位置示意(mm)

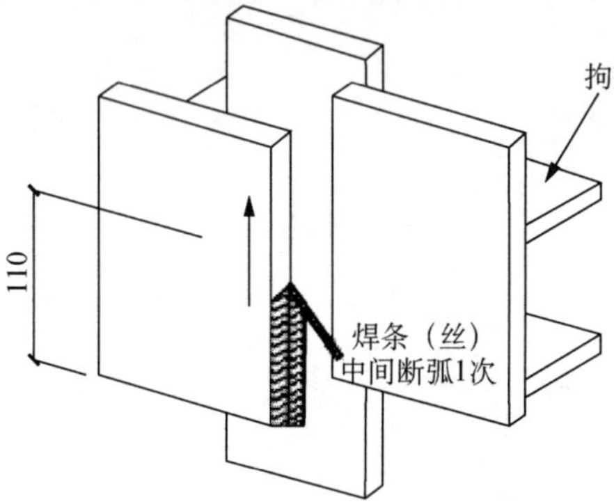

立焊位置（V）：焊接操作在距地面50 cm左右的高度处固定焊接

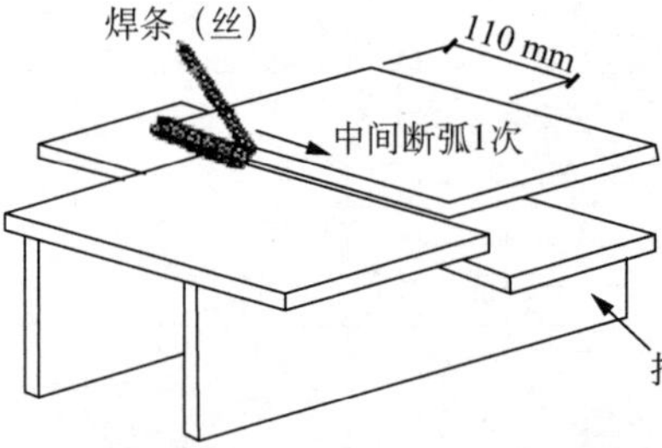

横焊（水平）位置（H）：焊接操作在地面进行

图 B.2.2-2　搭接角焊缝焊接操作位置示意

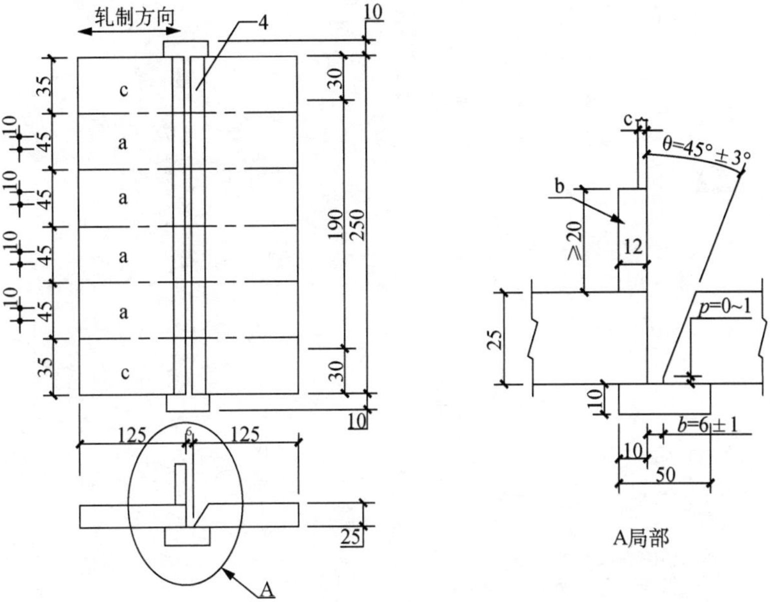

a—侧弯试样，板厚大于 40 mm 时应分层取样；b—加高板，左侧母材也可用厚度不小于 36 mm 的整板代替，焊前应用机械方法加工成凸台状并且在焊后将凸台机械加工至与右侧母材齐平；c—舍弃；d—焊接坡口内的定位焊缝焊后应打磨去除有害焊接的缺欠

图 B.2.2-3　对接与角接组合焊缝试件形式、尺寸及试样取样位置示意(mm)

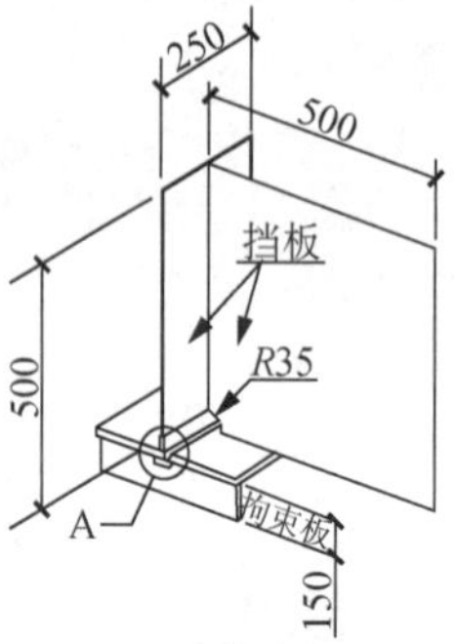

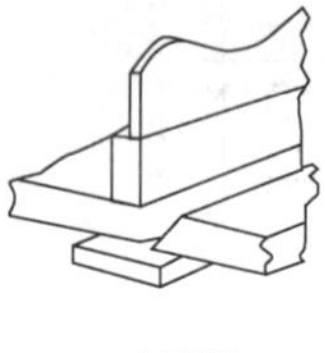

A局部

(a) 平焊位置情况(适应于工地安装柱—梁翼缘焊接或制造厂中柱—牛腿翼缘焊接)

(b) 平焊位置情况(适应于工地或制造厂中梁—梁翼缘焊接)

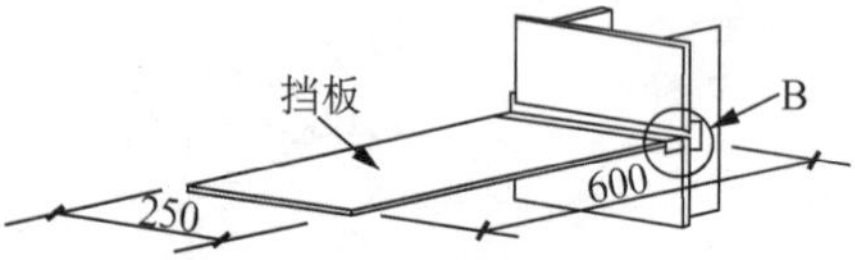

(c) 横焊位置情况(适应于工地或制造厂中柱—牛腿翼缘板等焊接)

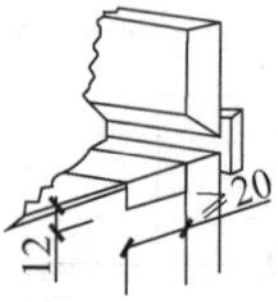

B局部

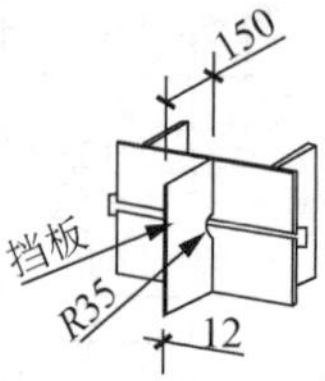

(d) 横焊位置情况(适应于工地安装柱—柱的焊接)

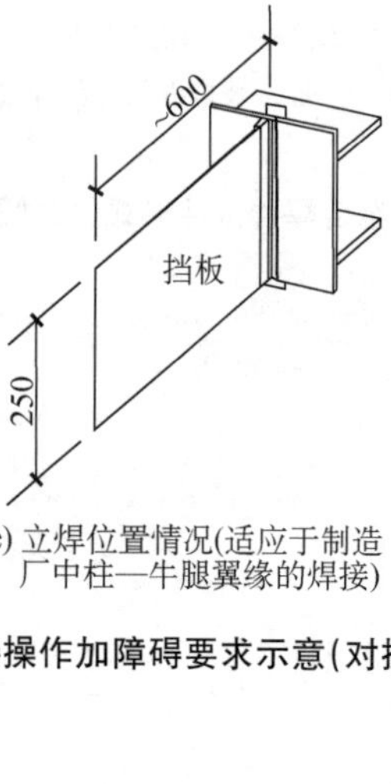

(e) 立焊位置情况(适应于制造厂中柱—牛腿翼缘的焊接)

图 B.2.2-4 焊接操作加障碍要求示意(对接焊情况)(mm)

3 焊缝类型、代号及覆盖认可范围应符合表 B.2.2 的规定。

表 B.2.2 焊缝类型、代号及覆盖认可范围

焊缝类型	焊缝类型代号	认可覆盖范围
角接	C	C
对接	B	B,C
对接与角接组合焊缝	Bc	Bc,B,C

4 焊接位置分类、代号及认可范围应符合表 6.2.5 的规定。

5 试件用钢材、焊接材料的分类及认可范围应符合本标准表 6.2.6-2 和表 6.2.7-1 的规定。

6 各种试件标记应符合本标准第 7.3.6 条的规定。

[标记示例]横焊位置、焊条电弧焊、Ⅱ类钢材、F_3类焊材、对接与角接组合焊缝、加衬垫的手工操作技能附加项目评定表示为:2G-1Ⅱ F_3-BcD。

B.2.3 检验项目、方法及合格标准应符合下列规定:

1 考试试件的检验项目应符合表 B.2.3-1 的规定。

表 B.2.3-1 试件检验项目

试件形式	试件厚度(mm)	外观检验	无损探伤	侧弯	背弯
对接焊	≥25①	要	射线或超声波	4 个	/
搭接角焊	10	要	/	/	2 个

注:①认可板厚不限。

2 焊缝外观质量宜用 5 倍放大镜目测检查,并应符合下列规定:

1)焊缝外形尺寸应符合表 B.2.3-2 的规定。

表 B.2.3-2　焊缝外形尺寸合格要求(mm)

余高偏差		焊缝宽度比坡口单侧增宽值	角接焊脚尺寸偏差		25 mm 长度内焊缝表面凹凸差	150 mm 长度内焊缝表面宽度差
对接角	对接与角接组合焊缝		偏差	同一截面两焊脚尺寸差		
0～3	0～3	1～3	0～3	0～1+0.1×焊脚尺寸	≤2.5	≤3

2）焊缝边缘应圆滑平缓过渡到母材，表面不得有裂纹、未焊满、夹渣、气孔、未熔合、焊瘤等缺陷；咬边深度不应大于 0.5 mm，两侧咬边累计总长度不应大于焊缝全长的 10%且不大于 25 mm；焊缝错边量不应大于 10%板厚且不大于 2 mm。

3）试件的射线和超声波检测应符合本标准第 B.1.3 条第 2 款的规定。

4）弯曲试验方法应符合本标准第 B.1.3 条第 3 款的规定。弯曲试验的合格要求为：每个试样拉伸面的任意方向上不得有单个长度大于 3 mm 的裂纹或其他缺陷，且裂纹及其他缺陷累计总长度不应大于 7 mm；4 个试样中所有缺陷累计总长度不应大于 24 mm。

B.3　定位焊手工操作技能考试

B.3.1　定位焊只进行焊条电弧焊操作技能的考试，考试分类与认可范围应符合本标准第 B.1 节的有关规定。试件标记应符合本标准第 B.1 节的规定。

[标记示例]横焊位置、Ⅱ类钢材、F_2类焊材定位焊操作技能评定表示为：定 2FⅡF_2。

B.3.2　试件形式和检验方法应符合下列规定：

1　试件形式应符合图 B.3.2-1 的要求。

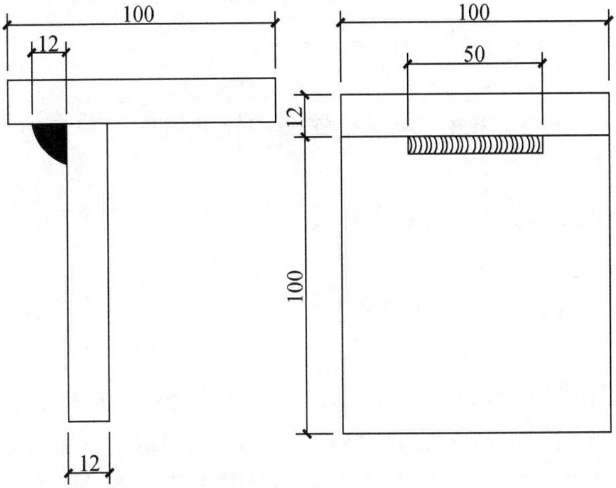

图 B.3.2-1　定位焊操作技能考试试件形式及尺寸示意(mm)

2　检验方法应符合图 B.3.2-2 的要求,可采用任意的简便方法加载至试件断裂。

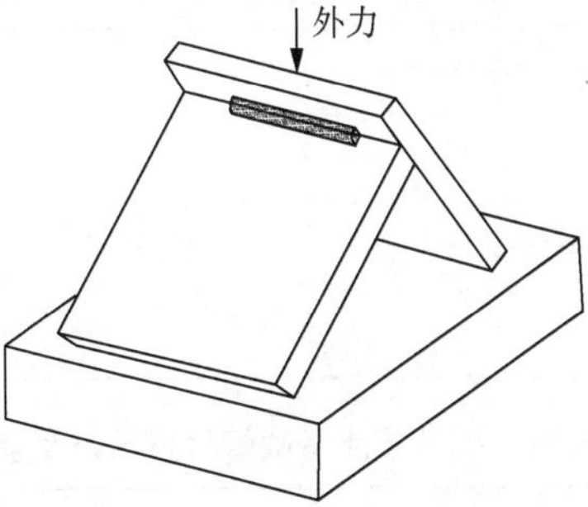

图 B.3.2-2　定位焊操作技能考试试件断裂试验方法示意

3　试验结果合格标准应符合下列规定:

1）定位焊焊缝外观检测:表面应均匀,无裂纹、未熔合、气孔、夹渣、焊瘤等缺焰;焊缝咬边深度不应大于 0.5 mm,且两侧咬边总长不应超过焊缝长度的 10%。

2）断面检验：焊缝应焊透至根部，不得有未熔合和直径大于 1 mm 的气孔、夹渣。

B.4 焊接机械操作技能考试

B.4.1 焊接机械操作技能考试的分类与认可范围应符合下列规定：

1 钢材类别及认可范围应符合本标准表 6.2.4 和表 B.1.1 的规定。

2 焊接机械操作技能考试所用焊接材料、保护介质应根据被焊钢材种类按焊接工艺文件选配。

3 焊接方法分类及认可范围应符合本标准表 6.2.3 的规定。

4 板材的厚度、管材的厚度及直径覆盖认可范围应符合表 B.4.1-1 和表 B.4.1-2 的规定。

表 B.4.1-1 焊接机械操作技能考试试件厚度及覆盖认可范围

试件厚度 t(mm)			认可覆盖范围
对接焊缝焊	埋弧焊	$t \geqslant 25$	厚度不限
	电渣焊、气电立焊	$t \geqslant 38$	厚度不限
角焊缝	$t \geqslant 12$		厚度不限

表 B.4.1-2 焊接机械操作技能考试管材直径及覆盖认可范围(mm)

考试管材直径 ϕ	覆盖认可范围
$\phi \geqslant 108$	$\phi \geqslant 89$

注：此处管材直径为外径尺寸。

5 焊缝类型及认可范围应符合表 B.4.1-3 的规定。

表 B.4.1-3　焊接机械操作技能考试焊缝类型分类代号及覆盖认可范围

焊缝类型	焊缝类型代号	认可覆盖范围
对接焊缝	B	B,C
角焊缝	C	C

注　1　焊接机械操作工通过全焊透焊缝焊接操作技能考试后，同时认可使用该方法在相应位置进行部分焊透焊缝和角焊缝焊接的资格；

2　在平焊或横焊位置通过板材全焊透焊缝焊接操作技能考试后，同时认可在相应位置进行直径不小于 600 mm 管材焊缝焊接的资格。

6　焊接位置认可范围应符合本标准表 6.2.4 的规定。

7　试件标记应符合本标准第 6.2.9 条的规定。

[标记示例]平焊位置、埋弧焊、Ⅱ类钢材、板材对接、试件背面加衬垫试件表示为：1G-5Ⅱ-BD。

B.4.2　试件尺寸及坡口形式应符合下列规定：

1　埋弧焊及熔化极气体保护焊操作技能考试试件尺寸应符合图 B.4.2-1 的要求；对于管径小于 600 mm 的管材，试件尺寸应根据产品形式和焊接工艺指导书要求由考试单位自行确定。

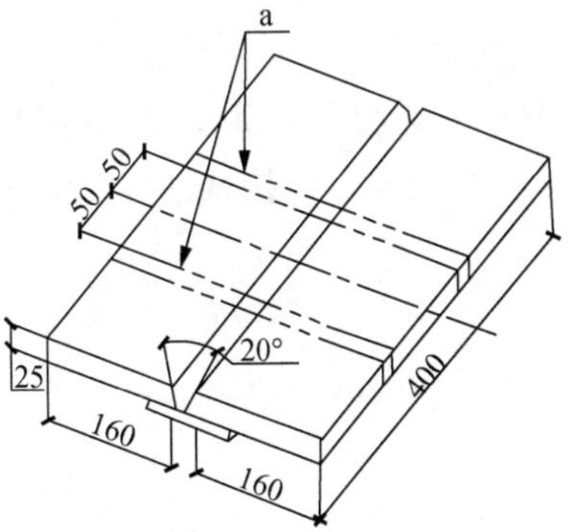

(a) 坡口对接焊

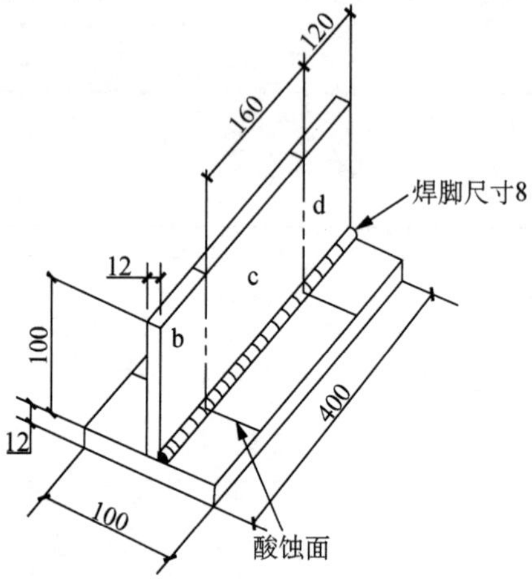

(b) 角焊

a—侧弯试样；b—宏观酸蚀试样(应腐蚀内侧面)；c—弯曲试样；d—舍去

图 B.4.2-1　埋弧焊及熔化极气体保护焊操作技能考试试件尺寸及试样取样位置示意(mm)

注：1　如采用射线探伤，探伤区内不得有定位焊缝；

2　衬垫厚度 10 mm～12 mm，当不去掉衬垫做射线探伤时，衬垫宽度不应小于 80 mm，否则可为 40 mm。

2　电渣焊、气电立焊操作技能考试试件尺寸及试样取样位置应符合图 B.4.2-2 的要求。焊接试件应根据焊接工艺要求加引弧板、引出板。

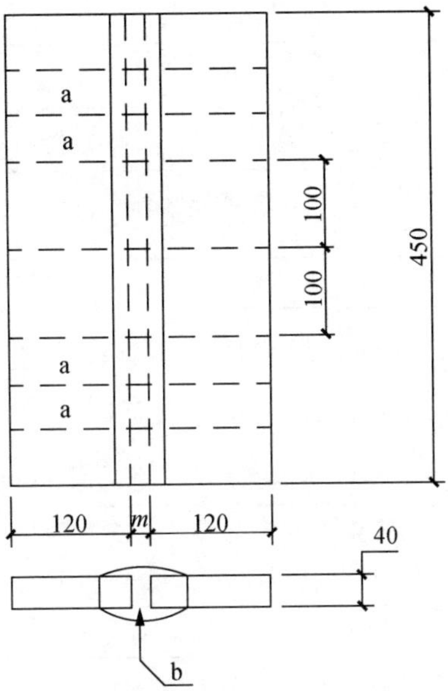

a—侧弯试样；b—间隙 m 根据工艺要求确定

图 B.4.2-2 电渣焊、气电立焊操作技能考试试件尺寸及试样取样位置示意(mm)

B.4.3 检验项目、检验方法与合格标准应符合下列规定。

1 考试试件的检验项目及试样数量应符合表 B.3.3-1 的规定。

表 B.4.3-1 焊接机械操作技能考试试件的检验项目及试样数量

试件形式		试件厚度（管径）（mm）	外观检验	无损探伤	试样数量					
					面弯	背弯	侧弯	宏观	打弯	拉伸
板材对接	埋弧焊	$t \geqslant 25$	要	射线或超声波	—	—	2	—	—	—
	电渣焊、气电立焊	$t \geqslant 38$	要	射线或超声波	—	—	4	—	—	—

续表 B.4.3-1

试件形式	试件厚度（管径）（mm）	外观检验	无损探伤	试样数量					
				面弯	背弯	侧弯	宏观	打弯	拉伸
管材对接	管径 $D \geqslant 108$	要	射线或超声波	1	1	或 2	—	—	—
板材角接	$t \geqslant 12$	要	—	1	—	—	1	—	—

2 外观检验坡口对接焊缝和角接焊缝外形尺寸应符合表 B.4.3-2 的规定，其他外观质量应符合本标准第 B.1.3 条的规定。

表 B.4.3-2 焊缝外形尺寸允许偏差(mm)

对接焊缝余高	焊缝宽度比坡口宽度每侧增宽值	角接焊缝焊脚尺寸（h_f）	
		差值	不对称
0～4	1～3	$\Delta h_f \leqslant 3$	$\leqslant 1+0.1 \times h_f$

3 试件的射线和超声波检测应符合本标准第 B.1.3 条第 2 款的规定。

4 弯曲、宏观酸蚀试验应符合下列规定：

1) 对接焊缝试件，弯曲试验方法应符合本标准第 B.1.3 条第 3 款的规定，试样弯曲至规定角度后，每个试样拉伸面的任意方向上不得有单个长度大于 3 mm 的裂纹或其他缺陷，且裂纹及其他缺陷累计总长度不应大于 7 mm。

2) 角焊缝试件，以简便的方法持续加载或重复加载，使焊缝根部受力，直至试样断裂或压弯到两板平贴，焊缝断面不得有未熔合和直径大于 1 mm 的气孔、夹渣。

3) 宏观试验应符合现行国家标准《钢的低倍组织及缺陷酸蚀检验法》GB 226 的相关规定，试样接头焊缝及热影响区表面不应有肉眼可见的裂纹、未熔合等缺陷。

B.5 机器人焊接操作技能评定

B.5.1 参加机器人焊接技能评定的人员应具有相应电弧焊手工操作或焊接机械操作评定合格证书并拥有至少1年的相关工作经验。

B.5.2 机器人焊接操作人员的职责和技术能力应符合下列规定：

1 具备启动机器人外围设备，包括电源、冷却液泵、焊枪清洁等设施的能力。

2 具备调节、使用机器人焊枪和送丝机构的能力，包括焊枪、导电嘴、喷嘴、焊丝驱动辊以及焊线安装、更换和调节。

3 对所用机器人要有基本的了解。

4 熟悉机器人控制面板的操作，能够熟练操控机器人的各种动作。

5 熟悉机器人相关外围设备的操作使用并具备基本的维护能力。

6 具备目视检查试件焊缝的能力，在规范允许的范围内调整焊接工艺；应有良好的焊接背景，对机器自动化程序和功能应有全面了解。

B.5.3 机器人焊接操作技能评定分类与覆盖范围应符合下列规定：

1 钢材类别及覆盖范围应符合本标准表6.2.6-1和表6.2.6-2的规定。

2 焊接机械操作技能评定所用焊接材料、保护介质应根据被焊钢材种类按焊接工艺文件选配。

3 焊接方法分类及覆盖范围应符合本标准表6.2.3的规定。

B.5.4 机器人埋弧焊及熔化极气体保护焊操作技能评定试件尺寸及试样取样位置应符合本标准B.4.2条第1款的规定；检验项目、方法与合格标准应符合本标准B.4.3条的规定。

附录 C 焊工技术资格认定申请表

C.0.1 焊工技术资格认定申请表格式应符合表 C.0.1 的规定。

表 C.0.1 焊工技术资格认定申请表

<table>
<tr><td>姓　名</td><td></td><td>性别</td><td></td><td>出生年月</td><td></td><td rowspan="5">照　片
（加　盖
单位公章）</td></tr>
<tr><td>申请资格名称</td><td colspan="3"></td><td>申请级别</td><td></td></tr>
<tr><td>持有资格证书</td><td colspan="3"></td><td>级别</td><td></td></tr>
<tr><td rowspan="2">工作单位</td><td colspan="3" rowspan="2"></td><td>联系电话</td><td></td></tr>
<tr><td>E-mail</td><td></td></tr>
<tr><td>通信地址</td><td colspan="3"></td><td>邮政编码</td><td colspan="2"></td></tr>
<tr><td>学　历</td><td colspan="3"></td><td>学校名称</td><td colspan="2"></td></tr>
<tr><td>所学专业</td><td colspan="3"></td><td>毕业时间</td><td colspan="2"></td></tr>
<tr><td>技术职称</td><td colspan="3"></td><td>授予时间</td><td colspan="2"></td></tr>
<tr><td colspan="7">从事钢结构焊接工作简历</td></tr>
<tr><td>起止年月</td><td colspan="4">工　作　单　位</td><td colspan="2">工　作　经　历</td></tr>
<tr><td></td><td colspan="4"></td><td colspan="2"></td></tr>
<tr><td>单位
审核意见</td><td colspan="6">签字：
单位名称（公章）：</td></tr>
<tr><td>申请人</td><td colspan="3"></td><td>时间</td><td colspan="2"></td></tr>
</table>

C.0.2 焊工技术资格认定结果登记表格式应符合表 C.0.2 的规定。

表 C.0.2 焊工技术资格认定结果登记表

<table>
<tr><td>姓名</td><td colspan="2"></td><td>性别</td><td></td><td>出生年月</td><td></td><td>技术等级</td><td></td><td rowspan="4">照片</td></tr>
<tr><td>单位</td><td colspan="5"></td><td>编号</td><td colspan="2"></td></tr>
<tr><td rowspan="3">理论知识考试</td><td colspan="2">试题来源</td><td colspan="3"></td><td>课时数</td><td colspan="2"></td></tr>
<tr><td colspan="2">审核监考单位</td><td colspan="3"></td><td>考试负责人</td><td colspan="2"></td></tr>
<tr><td colspan="2">考试编号</td><td colspan="2"></td><td>成绩</td><td></td><td colspan="2">日期</td><td></td></tr>
<tr><td rowspan="13">操作技能考试</td><td rowspan="3">基本情况</td><td>焊接方法</td><td colspan="2"></td><td>试件形式</td><td></td><td colspan="2">位置</td><td></td></tr>
<tr><td>钢材类别</td><td colspan="2"></td><td>钢材牌号</td><td></td><td colspan="2">厚度/管径</td><td></td></tr>
<tr><td>焊接材料</td><td colspan="2"></td><td>焊丝直径</td><td></td><td colspan="2">焊剂/保护气</td><td></td></tr>
<tr><td rowspan="3">工艺参数</td><td>电流</td><td colspan="2"></td><td>电压</td><td></td><td colspan="2">热输入</td><td></td></tr>
<tr><td>预热制度</td><td colspan="2"></td><td>层间温度</td><td></td><td colspan="2">后热制度</td><td></td></tr>
<tr><td>叠道层数</td><td colspan="2"></td><td>道次</td><td></td><td colspan="2">清根(衬垫)</td><td></td></tr>
<tr><td rowspan="6">试件检验</td><td rowspan="2">外观检查</td><td>角变形</td><td>错边量</td><td>焊缝余高</td><td>咬边</td><td colspan="2">表面缺陷</td><td>考试结果</td></tr>
<tr><td></td><td></td><td></td><td></td><td colspan="2"></td><td></td></tr>
<tr><td>无损检测方法</td><td colspan="2"></td><td>执行标准</td><td></td><td colspan="2">考试等级</td><td></td></tr>
<tr><td rowspan="3">破坏检验</td><td colspan="2"></td><td>件数</td><td></td><td colspan="2">考试结果</td><td></td></tr>
<tr><td>面弯</td><td></td><td>背弯</td><td></td><td colspan="2">侧弯</td><td></td></tr>
<tr><td>断面</td><td colspan="2"></td><td>宏观</td><td colspan="3"></td></tr>
<tr><td colspan="2">监考人员</td><td colspan="2"></td><td>考试负责人</td><td></td><td colspan="2">检验</td><td></td></tr>
<tr><td rowspan="5">结论</td><td colspan="9">按《钢结构焊工技术资格考试认定标准》认定，该焊工考试合格。允许焊接工作范围如下：</td></tr>
<tr><td colspan="2">焊接方法</td><td colspan="2"></td><td>钢材类别</td><td></td><td colspan="3" rowspan="4">上海市建筑钢结构焊工考试委员会
（签章）
年　月　日</td></tr>
<tr><td colspan="2">焊材类别</td><td colspan="2"></td><td>厚度范围</td><td></td></tr>
<tr><td colspan="2">焊接位置</td><td colspan="2"></td><td>构件形式</td><td></td></tr>
<tr><td colspan="2">技术负责人</td><td colspan="2"></td><td>考委会负责人</td><td></td></tr>
</table>

附录 D 钢结构焊工合格证(样张)

封面：

钢结构焊工合格证 上海市建筑钢结构焊工考试委员会

封里：

1. 基本信息

免冠正照

姓　　名：________________

身份证号：________________

证书编号：________________

证书有效期：________________

发证机构：________________

上海市建筑钢结构焊工考试委员会

第一页

2. 考试项目基本信息

理论考试结果		
内容	成绩	发证签章
焊工应知		

操作考试结果							
焊接方法	焊接位置	焊缝类型	被焊件厚度	焊接焊材	被焊件钢材	通过日期	发证签章

第二页

3. 有效期延长记录

该焊工在　　年　　月　　日期间从事本证书记录资格范围内的焊接工作，焊缝质量合格，未发生重大焊接质量事故，满足规定的免试延长条件，准许该焊工证书有效期延长至　　年　　月　　日。

上海市建筑钢结构焊工考试委员会

4. 验证记录

年　月　日	年　月　日	年　月　日
年　月　日	年　月　日	年　月　日

第三页

5. 使用说明

本证书是建设行业焊工从业人员参加培训并考试(考核)合格的证明,供相关单位使用。

本证书须由上海市建筑钢结构焊工考试委员会盖章,上海市金属结构行业协会加盖钢印后方为有效。

证书应妥善保管,不得买卖、涂改、伪造。

本证书有效期为 3 年,每年需验证。具备相关条件的可以延长 3 年。

第四页——封底

附录 E　与《钢结构焊接规范》AWS D1.1 对照

E.1　母材材质

E.1.1　本标准的描述

以大写罗马字母表示；碳素钢、碳素结构钢、铸钢、耐候钢、桥梁用钢、低合金高强度结构钢，按标称屈服强度分为Ⅰ/Ⅱ/Ⅲ/Ⅳ类，代号“Ⅰ(≤295 MPa)，Ⅱ(>295 MPa 且≤370 MPa)，Ⅲ(>370 MPa 且≤420 MPa)，Ⅳ(>420 MPa)”；Ⅳ可以覆盖Ⅰ/Ⅱ/Ⅲ；Ⅲ可以覆盖Ⅱ/Ⅰ；Ⅱ可以覆盖Ⅰ。

E.1.2　AWS D1.1 的描述

适用于最低屈服强度不大于 690 MPa 的碳钢和低合金钢，在“焊接人员资格评定中基本参数的改变需重做评定的情况”表中，被焊钢材的类别和等级改变未列入。

E.2　焊接焊材

E.2.1　本标准的描述

以“F1(氧化铁型)，F2(钛型)，F3(低氢型)，F4(纤维素型)，F5(不锈钢型)”表示；其中代号“F3”可以覆盖“F2，F1”，“F2”可以覆盖“F1”。

E.2.2　AWS D1.1 的描述

以“F1(氧化铁型)，F2(钛型)，F3(纤维素型)，F4(低氢型)”表示；其中代号“F4”可以覆盖“F3，F2，F1”，“F3”可以覆盖“F2，F1”，“F2”可以覆盖“F1”。

E.3　被焊件厚度(管外径)

E.3.1　本标准的描述

板(壁)厚度(mm)		管外径(mm)	
板(壁)厚度 t (mm)	覆盖范围	试件管外径 D	覆盖范围
$3 \leqslant t < 10$	$3 \sim 1.5t$	$D \leqslant 60$	不限
$10 \leqslant t < 25$	$3 \sim 3t$	$D > 60$	$\geqslant D$
$t \geqslant 25$	$\geqslant 3$		

E.3.2　AWS D1.1 的描述

板(壁)厚度(mm)		圆管外径(mm)			
板(壁)厚度 t (mm)	覆盖范围	试件管外径 D	试件管厚度 t (mm)	覆盖管外径 D	覆盖管厚度 t (mm)
10	$3 \sim 20$	$D \leqslant 100$	不限	$20 \sim 100$	$3 \sim 20$
$10 < t < 25$	$3 \sim 2t$	$D > 100$	< 10	$\geqslant D/2$(或 100)	$3 \sim 20$
$t \geqslant 25$	$\geqslant 3$	$D > 100$	$\geqslant 10$	$\geqslant D/2$(或 100)	$\geqslant 5$
塞焊:10	$\geqslant 3$	T,K,Y 接头另行规定			

E.4　焊缝类型

E.4.1　本标准的描述

背面加衬垫为 D,不带衬垫可省略;角焊缝为 C,对接焊缝为 B,对接与角接组合焊缝为 B_C。B_C 可覆盖 B/C,B 可覆盖 C。

带衬垫的试件可用不带衬垫的坡口全焊透焊缝考试代替,不带衬垫的坡口全焊透焊缝考试不可用带衬垫的试件代替。

E.4.2 AWS D1.1 的描述

不包含对接与角接组合焊缝 B_C。

E.5 焊接位置

E.5.1 本标准的描述

<table>
<tr><th colspan="2">焊接位置</th><th>代号</th><th>位置定义</th><th>覆盖范围说明</th></tr>
<tr><td>平</td><td>F</td><td>1G(1F)</td><td>板材对接焊缝(角焊缝)平焊位置
管材(管板)水平转动对接焊缝(角焊缝)</td><td>1G 可覆盖 1F 和 F 位置坡口焊缝;
1F 可覆盖“F/H”位置非坡口角焊缝</td></tr>
<tr><td>横</td><td>H</td><td>2G(2F)</td><td>板材对接焊缝(角焊缝)横焊位置
管材(管板)垂直固定对接焊缝(角焊缝)</td><td>2G 可覆盖 1G 和 2F 以及“H”位置所有焊缝;
2F 可覆盖 1F 和“F/H”位置非坡口角焊缝</td></tr>
<tr><td>立</td><td>V</td><td>3G(3F)</td><td>板材对接焊缝(角焊缝)立焊位置</td><td rowspan="2">3G+4G 可覆盖所有位置和部分“T/Y/K”焊缝;
3F+4F 可覆盖所有非坡口的角焊缝;
3G 可覆盖 2G 和“V”位置所有焊缝;
3F 可覆盖 2F 和“V”位置非坡口角焊缝;
4G 可覆盖“F/O”位置所有焊缝;
4F 可覆盖“F/O”位置非坡口板角焊缝和“F/O/H”非坡口管、管板角焊缝</td></tr>
<tr><td>仰</td><td>O</td><td>4G(4F)</td><td>板材(管板)对接焊缝(角焊缝)仰焊位置</td></tr>
<tr><td rowspan="3">全位置</td><td rowspan="3">F,V,O</td><td>5G(5F)</td><td>管材(管板)水平固定对接焊缝(角焊缝)位置</td><td>2G+5G 可覆盖所有位置和部分“T/Y/K”焊缝;
5F 可覆盖非坡口的角焊缝</td></tr>
<tr><td>6G(6F)</td><td>管材(管板)45°固定对接焊缝(角焊缝)位置</td><td rowspan="2">所有位置和所有“T/Y/K”焊缝</td></tr>
<tr><td>6GR</td><td>管材 45°固定加挡板对接焊缝位置</td></tr>
</table>

E.5.2 AWS D1.1 的描述

仰焊的位置缩写为“OH”。

对立焊的施焊方向(向上或向下)要求进行单独评定。

E.6 焊接方法

E.6.1 本标准的描述

焊接方法分类	代号	类别代号	覆盖范围
焊条电弧焊	SMAW	1	1
实心焊丝 CO_2 气体保护焊	GMAW-CO_2	2-1	2-1,2-2,8-1,8-2
实心焊丝混合气体保护焊	GMAW-MG	2-2	2-1,2-2,8-1,8-2
药芯焊丝气体保护焊	FCAW-G	3-1	3-1,8-3
药芯焊丝自保护焊	FCAW-SS	3-2	3-2,8-4
非熔化极气体保护焊	GTAW	4	4
机械单丝埋弧焊	SAW-S	5-1	5-1
机械多丝埋弧焊	SAW-M	5-2	5-1,5-2
机械单电双细丝	SAW-DS	5-3	5-1,5-3
机械管状熔嘴电渣焊	ESW-MN	6-1	6-1
机械丝极电渣焊	ESW-WE	6-2	6-2
机械板极电渣焊	ESW-BE	6-3	6-3
机械非熔嘴电渣焊	ESW-N	6-4	6-4
机械单丝气电立焊	EGW-S	7-1	7-1
机械多丝气电立焊	EGW-M	7-2	7-1,7-2
机械实心焊丝 CO_2 气体保护焊	GMAW-CO_2 A	8-1	8-1,8-2
机械实心焊丝混合气体保护焊	GMAW-MA	8-2	8-1,8-2
机械药芯焊丝气体保护焊	FCAW-GA	8-3	8-3
机械药芯焊丝自保护焊	FCAW-SSA	8-4	8-4
机械非穿透栓钉焊	SW	9-1	9-1
机械穿透栓钉焊	SW-P	9-2	9-2

E.6.2 AWS D1.1 的描述

GMAW-S(短路过渡)被作为一种独立的焊接方法,要求作焊接人员资格评定。

焊工用 SAW、GMAW、FCAW 或 GTAW 所作的资格评定必须被认为是使用同样焊接方法进行了焊接操作工的评定,但要受到焊工基本参数的限定。

对焊接操作工,除 ESW 或 EGW 外,使用多丝焊资格评定可覆盖单丝焊,反之不能。

SW 未要求作焊接人员资格评定。

本标准用词说明

1　为便于在执行本标准条文时区别对待，对要求严格程度不同的用词说明如下：

1）表示很严格，非这样做不可的用词：
正面词采用“必须”；
反面词采用“严禁”。

2）表示严格，在正常情况均应这样做的用词：
正面词采用“应”；
反面词采用“不应”或“不得”。

3）表示允许稍有选择，在条件许可时首先应这样做的用词：
正面词采用“宜”；
反面词采用“不宜”。

4）表示有选择，在一定条件下可以这样做的用词，采用“可”。

2　条文中指明应按其他有关标准执行的写法为“应符合……的规定”或“应按……执行”。

引用标准名录

1 《钢结构焊接规范》GB 50661
2 《钢的低倍组织及缺陷酸蚀检验法》GB 226
3 《焊接接头机械性能试验取样方法》GB/T 2649
4 《焊接接头弯曲试验方法》GB/T 2653
5 《金属熔化焊焊接接头射线照相》GB/T 3323
6 《无损检测人员资格鉴定与认证》GB/T 9445
7 《优质碳素结构钢》GB/T 699
8 《碳素结构钢》GB/T 700
9 《桥梁用结构钢》GB/T 714
10 《低合金高强度结构钢》GB/T 1591
11 《不锈钢冷轧钢板和钢带》GB/T 3280
12 《耐候结构钢》GB/T 4171
13 《焊接结构用碳素钢铸件》GB/T 7659
14 《建筑结构用钢板》GB/T 19879
15 《不锈钢和耐热钢牌号及化学成分》GB/T 20878
16 《铸钢节点应用技术规程》CECS 235
17 《钢结构焊接从业人员资格认证》CECS 331